置氢钛合金组织与性能
Microstructure and Property of Hydrogenated Titanium Alloy

袁宝国　编著

北　京

冶 金 工 业 出 版 社

2015

内 容 简 介

　　本书是作者在多年置氢钛合金材料研究的基础上，参考国内外近年来的研究成果编撰而成的，系统介绍了热氢处理技术在钛合金塑性加工领域的应用，突出理论研究及实际应用。

　　全书共分9章，分别介绍了热氢处理技术、钛合金的置氢工艺、置氢钛合金的微观组织、置氢钛合金的室温拉伸性能、置氢钛合金的室温压缩性能、置氢钛合金的高温力学性能、置氢钛合金的超塑性、置氢钛合金的除氢工艺、置氢及除氢钛合金的使用性能等。

　　本书可供从事金属材料及塑性加工方面的工程技术人员及研究人员阅读，也可供大专院校有关专业的师生和企业人员参考。

图书在版编目（CIP）数据

　　置氢钛合金组织与性能/袁宝国编著 . —北京：
冶金工业出版社，2015.1
　　ISBN 978-7-5024-6804-0

　　Ⅰ . ①置…　Ⅱ . ①袁…　Ⅲ . ①钛合金—研究
Ⅳ . ①TG146. 2

　　中国版本图书馆 CIP 数据核字（2014）第 276540 号

出 版 人　谭学余
地　　　址　北京市东城区嵩祝院北巷 39 号　邮编　100009　电话　(010)64027926
网　　　址　www. cnmip. com. cn　电子信箱　yjcbs@ cnmip. com. cn
责任编辑　张登科　美术编辑　彭子赫　版式设计　孙跃红
责任校对　禹　蕊　责任印制　李玉山
ISBN 978-7-5024-6804-0
冶金工业出版社出版发行；各地新华书店经销；北京百善印刷厂印刷
2015 年 1 月第 1 版，2015 年 1 月第 1 次印刷
148mm×210mm；7.75 印张；231 千字；238 页
35.00 元

冶金工业出版社　投稿电话　(010)64027932　投稿信箱　tougao@cnmip. com. cn
冶金工业出版社营销中心　电话　(010)64044283　传真　(010)64027893
冶金书店　地址　北京市东四西大街 46 号(100010)　电话　(010)65289081(兼传真)
冶金工业出版社天猫旗舰店　yjgy. tmall. com
　　　　　　　（本书如有印装质量问题，本社营销中心负责退换）

前　言

钛及钛合金具有优异的综合力学性能，在航空航天等领域广泛应用，是一种理想的金属结构材料。在 15 年前，国外高度重视新合金的研制，近年来国外更重视合金性能的改善和挖掘。

氢通常被认为是一种"令人生畏"的元素，若进入金属中，很容易与金属发生强烈反应，可以引起材料内部结构的变化。在绝大多数情况下，氢使材料的许多性能（如磁性、耐腐蚀性等）恶化，而且能导致氢脆。因此，自 20 世纪 40 年代钛工业发展以来，钛合金中的氢一直被视为有害的杂质元素，认为氢在钛合金中只会产生不利影响，材料工作者一直致力于氢脆的研究，且氢在钛合金中行为的研究多集中于氢脆，至今仍在继续探索其机制及消除的途径。

然而，在 1959 年，联邦德国学者 Zwiecker 和 Schleicher 发现，在 Ti-8Al、Ti-10Al、Ti-13Al 和 Ti-8Al-3In 钛合金铸锭中加入适量的氢，可以明显改善合金的热加工性能，从而提出了氢可以增加钛合金热塑性的观点，并通过实验验证了这种观点。这在当时仅被作为一种例外而被忽视，但 Zwiecker 和 Schleicher 已揭开了钛合金中氢作用研究的新的一页。

随后，关于置氢钛合金的组织与性能的研究陆续展开，并逐渐发展成为一种新的技术——钛合金的热氢处理技术（thermohydrogen processing，THP）。该技术是利用氢在钛及钛合金中的强扩散性，把氢作为临时合金化元素，借助氢致塑性、氢致相变以及钛合金中氢的可逆合金化作用以实现钛氢系统最佳组织结构、改善加工性能的一种新体系、新方法和新手段。

钛合金氢合金化降低金属流变应力及提高极限变形率的效应，叫做"氢增塑"。氢对钛合金热塑性、室温塑性和超塑性等都存在有益的影响，氢致室温增塑、氢致高温增塑和氢致超塑性是氢增塑技术中既有联系、又有区别的三种现象。每种现象都有各自的、不同于其他两种现象的属性。

本书是作者在参考了国内外有关资料和自己多年从事金属塑性加工、钛合金热氢处理技术理论及应用研究成果的基础上编撰的，目的是全面反映热氢处理技术在钛合金塑性加工方面的研究理论及其应用，以利于钛合金的塑性加工，适应"轻量化"的发展趋势。

本书共分9章，第1章为绪论；第2章为钛合金的置氢工艺；第3章为置氢钛合金的微观组织；第4章为置氢钛合金的室温拉伸性能；第5章为置氢钛合金的室温压缩性能；第6章为置氢钛合金的高温力学性能；第7章为置氢钛合金的超塑性；第8章为置氢钛合金的除氢工艺；第9章为置氢及除氢钛合金的使用性能。

本书在编写过程中，得到了哈尔滨工业大学李春峰教授的鼎力支持和帮助；编写中还参考或引用了国内外有关专家、学者的著作文献资料和研究成果。另外，与本书内容有关的项目研究得到了国家自然科学青年科学基金项目（51205102）、中国博士后科学基金项目（2012M511401）的资助，在此一并表示衷心的感谢！

由于作者水平有限，书中不妥之处，敬请广大读者批评指正。

作　者
2014 年 8 月

目　　录

1 绪 论

1.1 引言

  钛及其合金具有比强度高、高温性能好、防腐蚀能力强、无磁性、无毒以及良好的生物相容性等一系列优异特性,在航空、航天、船舶、车辆工程、生物医学、化工、能源、海洋等领域得到了广泛的应用,被誉为现代金属,是一种理想的金属结构材料。钛工程技术研究往往分为航空与非航空或军用与民用两大领域,它们的发展趋势各有不同,在航空领域主要以比强度、比刚度和耐热性、韧性、疲劳寿命等作为主要技术指标,尽量选择综合力学性能最优的钛合金。在非航空领域则主要以腐蚀性、加工性和成本为主要技术指标,它主要选择工业纯钛、成分较简单或低合金化的通用钛合金[1]。航空工业是应用钛及其合金最早的领域,由于航空工业对高强度低密度材料的需求日益迫切,大大促进了航空钛工业的迅速发展,从机身骨架到发动机,乃至螺钉、螺母等连接件,钛合金制件在航空中的应用越来越广泛。钛及其合金的强度高(接近中强钢),密度小,用其代替结构钢和高温合金,能大幅度减轻结构的重量,这在航空部门中尤为重要。钛合金耐高温性能好,如常用的 Ti-6Al-4V 合金能在 350℃ 的温度下长期工作,因此在飞机的高温部位(如后机身等)可取代不能满足高温使用性能要求的铝合金。而且钛合金与飞机上大量使用的复合材料的强度、刚度匹配较好,能获得很好的减重效果。同时,由于两者电位比较接近,不易产生电偶腐蚀,因此相应部位的结构件和紧固件宜采用钛合金。另外,钛合金具有较高的疲劳寿命和优良的耐腐蚀性能,可以提高结构的抗腐蚀能力和寿命,满足先进飞机、发动机可靠性高和寿命长的要求。钛没有磁性,用钛建造的潜艇不必担心磁性水雷的攻击,具有很好的反监护作用,并且由于钛既能抗海水腐蚀,又能抗深层压力,其下潜深度比不锈钢潜艇增加了 80%,钛潜艇可以在深达 4500m 的深海中航行。为此，发达国家投入了大量的资金和技术力量进行钛合金的应用研究，钛合金在飞机上的用量不断增加，甚至达到 41%[2]。近年来，我国对钛合金的研究也十分活跃，我国钛科学技术的发展不断取得新的进展，目前钛合金已成为我国航天航空工业中不可缺少的结构材料[3,4]。

然而，钛合金的室温塑性低、变形极限低、变形抗力大、室温成型容易开裂，限制了钛合金的室温塑性成型。所以，目前大部分钛合金仍需要在高温下进行塑性成型[5,6]。虽然钛合金在高温下塑性变形性能较好，但是热变形温度高、流动应力大、应变速率低，特别是对于那些高强、高韧、高模量、耐高温的难变形钛合金，这种现象尤为严重，限制了钛合金的应用。此外，钛合金的热加工还会导致一些问题，比如系统或工艺的高温保护困难；对模具材料要求高，要求模具能够在 900℃以上的高温下仍需具有足够的强度；并且对成型设备的要求较高，使得现有设备加工钛合金结构件的能力大大降低，对研制新成型设备提出了更高的要求，增加了设备研制的费用和难度。为了解决钛合金塑性加工过程中所面临的问题，其途径有二：一是增加现有设备的能力，研制更大吨位的成型设备；二是降低钛合金的变形抗力和成型温度[7]。

1959 年，联邦德国学者发现适量的氢可以显著改善钛合金的热加工性能，从而提出氢可以改善钛合金热塑性的观点。随后，关于置氢钛合金的组织与性能的研究陆续展开，并逐渐发展成为一种新的技术——钛合金的热氢处理技术[8]。热氢处理技术可以从材料内部本质角度出发，通过获得一种具有高剩余塑性的热稳定性高的双峰组织结构，达到降低变形抗力和成型温度的目的。研究表明，热氢处理技术不仅可以提高钛合金的高温塑性，还可以提高钛合金的室温塑性和超塑性等，不仅有利于改善合金的冷轧、冷镦等工艺性能，而且可以改善板材的冷冲压性能[7]。热氢处理技术拓展了钛合金的应用范围，为改善钛合金的塑性成型性能提供了一种新的途径。

1.2 钛及钛合金

钛位于元素周期表中ⅣB族，密度为 4.51g/cm³，属于轻金属。

钛具有两种同素异构体,低于882℃±2℃呈密排六方晶格结构,称为α钛;高于882℃±2℃呈体心立方晶格结构,称为β钛。利用钛的上述两种结构的不同特点,添加适当的合金元素,可以使其相变温度及相含量逐渐改变而得到不同组织的钛合金,即α钛合金、β钛合金以及α+β钛合金。α钛合金是由α相固溶体组成的单相合金,不论是在一般温度下还是在较高的实际应用温度下,均是α相,组织稳定,耐磨性高于纯钛,抗氧化能力强。β钛合金是由β相固溶体组成的单相合金,室温下体心立方结构的β相塑性好,易于冷加工成型,然后可通过时效后合金达到很强的强化效果,室温强度可达1372~1666MPa,但热稳定性较差,不宜在高温下使用。α+β钛合金是双相合金,具有良好的综合性能,组织稳定性好,具有良好的韧性、塑性和高温变形性能,能较好地进行热压力加工,能进行淬火、时效使合金强化。热处理后的强度比退火状态提高50%~100%。高温强度高,可在400~500℃的温度下长期工作,其热稳定性次于α钛合金。目前使用最广泛的α+β钛合金是Ti-6Al-4V合金,它是在20世纪40年代晚期由美国Hansen开发出来的。由于其具有良好的综合性能,其使用量占全部钛合金之首,几乎达到钛合金用量的75%~80%。目前,Ti-6Al-4V合金已经发展成为一种国际性的钛合金,在我国钛合金的生产和应用中也占有主要地位。

在钛中加入合金元素,随着元素种类和数量的不同,β相变点将发生变化。合金元素与钛相互作用的性质是合金元素分类的基础,合金元素按其对钛的同素异构转变温度的影响可分为三类[9,10]:第一类属于α相稳定元素,可以提高钛的同素异构转变温度,如Al、O、N、C、In和Ga等,α相稳定元素除了可以将α相区扩展到更高温度以外,还形成了α+β两相区;第二类属于β相稳定元素,可以降低钛的同素异构转变温度,该类元素可以细分为β同晶型元素和β共析型元素,β同晶型元素(如Mo、V和Ta)在钛中的溶解度很高,而即使存在非常少量的β共析型元素也可以形成金属间化合物,如Fe、Mn、Co、Cr、Cu、Ni、Si和H等;第三类元素属于中性强化剂,对钛的同素异构转变温度影响小,如Sn、Zr、Ge、Hf和Th,如图1-1所示。

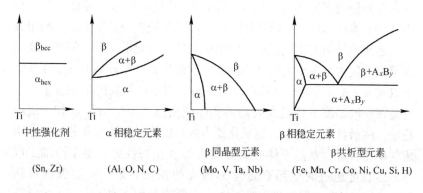

图 1-1 合金化元素对钛合金相图的影响[9]

钛合金的两种不同晶体结构以及相应的同素异构转变温度是其获得各种不同性能的基础，因此非常重要。金属塑性变形的容易程度按密排六方（HCP）、体心立方（BCC）再到面心立方（FCC）的顺序逐渐增大。晶体发生塑性变形时滑移系越多，金属发生滑移的可能性越大，塑性就越好。密排六方结构的 α 钛具有 3 个滑移系，而体心立方结构的 β 钛有 12 个滑移系。因此 β 钛的塑性变形能力高于 α 钛。

商业化纯钛、低合金化的钛合金（如 Ti-3Al-2.5V 合金）以及 β 钛合金（如 Ti-22V-4Al、Ti-15V-3Cr-3Sn-3Al、Ti-20V-4Al-1Sn、Ti-16V-4Sn-3Al-3Nb 以及 Ti-35Nb-2Ta-3Zr 合金）等室温塑性高，具有优良的室温成型工艺性能，可以比较容易地进行室温塑性成型，是适合冷加工的合金[11~13]。但是，大部分 α + β 合金的室温成型性能较差，导致其加工成本较高。

钛及钛合金材料的研发及应用水平，已经成为一个国家新材料研究开发应用水平和综合国力的重要体现。世界上钛的工业生产始于1948 年，目前世界年产钛材约 6 万 t。钛的应用始于 20 世纪 50 年代，是从航空航天开始的，先用于航空发动机，后用于车身、导弹、卫星等，并逐渐用于化工、能源、冶金等行业。20 世纪 90 年代，钛进入日常生活、体育休闲、建筑、汽车等行业。世界各国由于军事、经济及工业水平的不同，其钛应用状况有较大的差异。美国、俄罗斯以军用为主,航空航天分别占 70% 和 60%,民用工业分别占 30% 和 40%。美国在钛的研究及应用方面一直处于世界领先地位,尤其在航空工业中,如第四代战斗机 F-22 和波音公司的 B-777 都大量采用了钛合金。近 20 年来,美国在大力开发先进航空钛应用技术,如用等温锻造技术生产大型的航空锻件,用超塑性成型技术生产结构复杂的航空构件,不仅大大简化构件,使之减重,而且减少装配工具,节约装配时间。俄罗斯的钛应用技术也非常先进,在海洋工程如海上油气田开采、核能应用等某些方面甚至领先于美国,如钛在"一体化压水堆"上的应用技术就是俄罗斯的独创。中国和日本以民用为主,航空及军工占 10% ~20%,民用占 80% ~90%。日本钛的民用技术位于世界的前列。在日本,钛产品已经遍及化工、石化、建筑、医疗、交通、体育、日用电子产品、炊具等各个部门。近年来,受社会与经济发展的拉动,我国钛的研究与产业化水平不断提高,尤其在航空、航天、能源、化工、体育休闲、冶金等领域对钛应用的需求刺激了钛工业的飞速发展,钛加工材及其钛产品已经连续 5 年以 30% 左右的速度增长,产量由原来占世界的 2% ~3% 发展到已超过 20%,钛工业规模已经居世界第 3 位[1]。

1.3 氢在钛中的存在状态及其行为研究

1.3.1 氢在钛中的存在形式

氢的原子半径仅为 0.046nm,是最易扩散进入金属的元素,在各种金属中都处于间隙位置。氢作为间隙原子处在晶格最大间隙位置时畸变能最小,最有利。因此,在体心立方金属中,氢应当在四面体间隙位置,在面心立方和密排六方金属中则处在八面体间隙位置。这个结论对于纯金属在氢浓度较低时是正确的。但除了畸变能以外,氢还能与许多金属原子形成一定的化学键,而这些化学键的形成将会使体系的能量降低。所以,氢原子在金属中占据哪种位置是两种能量竞争的结果[14]。不管氢处在钛的何种间隙位置,都会使点阵发生畸变,引起点阵常数增大,从而引起体胀效应。

当钛氢系统中的氢含量超过合金的固溶度时,可以形成氢化物,主要有面心立方结构的 δ 氢化物、面心四方结构的 ε 氢化物和 γ 氢化物[15~17]。TiH₂ 的点阵常数 $a = 0.44$nm，具有面心立方 CaF_2 型的晶体结构[18,19]，Ti 处在结点位置，每个单胞有 4 个 Ti 原子，H 原子在面心立方的四面体间隙位置，每个单胞有 8 个 H。

1.3.2 氢在钛中的溶解

氢溶解在 Fe、Ni、Mo 等金属中是吸热反应，因此溶解度极低。但氢溶解在 Ti、Zr、Hf 等金属中却是放热反应，因此氢在钛中的溶解度极大，且钛的吸氢是一种自发进行的过程。氢在 α 钛中的固溶度为 20 ~ 100μg/g，在室温时仅为 20μg/g，但氢在 β 钛中的固溶度可高达 9000μg/g，在 α + β 钛合金中的固溶度则介于二者之间。氢在 α 钛和 β 钛中有不同的溶解度，主要是因为氢在钛中间隙固溶，在 α 相和 β 相中随机占据四面体或八面体间隙位置。在 α 相结构中，每一个晶胞有四个四面体间隙位置和两个八面体间隙位置；而在 β 相结构中，每个晶格则含有 12 个四面体间隙位置加一个置换位置和 6 个八面体间隙位置加一个置换位置。因此，氢在 β 钛中的溶解度大大高于在 α 钛中的溶解度[20~22]。

氢在金属中的固溶度 C_H 与环境中的压力有关系，由热力学方程可以推导出[14]：

$$C_H = A \times P^{1/2} \exp[-\Delta E/(RT)] \tag{1-1}$$

式中　　A——常数；

　　　　P——氢压；

　　　ΔE——氢由气态到固溶态的能量变化，kJ/mol；

　　　　T——置氢温度，K；

　　　　R——气体常数，J/(mol·K)。

由式 (1-1) 可以看出，氢压越大，固溶的氢含量越多。由于氢与钛能生成钛氢化物，氢渗透进钛中的过程是放热反应过程（$\Delta E < 0$），在真空和高温的条件下，钛氢化物就会分解出氢离子，进而形成氢分子，并从合金中逸出。于是在达到平衡时，钛中的氢含量下降。所以，氢在钛中的溶解及其反应具有可逆性。通过真空退火的方

法可以将氢从钛中去除[23]，使钛构件在服役之前的氢含量恢复到安全水平，保证其在服役的过程中不发生氢脆。钛氢系统的吸放氢特点使氢可以作为临时合金化元素在钛合金中得到应用，这正是钛合金热氢处理技术的基础。

1.3.3　氢在钛中的扩散

氢是原子半径最小的元素，在钛合金中非常容易扩散，其扩散系数为同金属中氧和氮的 $10^{15} \sim 10^{20}$ 倍[24]。Wasilewski[25] 给出的氢在纯钛中的扩散系数为：

$$\text{hcp}\quad \alpha\text{-Ti}\quad D_\alpha = 1.8 \times 10^{-2}\exp(-6200 \pm 340/T) \quad\quad (1\text{-}2)$$

$$\text{bcc}\quad \beta\text{-Ti}\quad D_\beta = 1.95 \times 10^{-3}\exp(-3320 \pm 250/T) \quad\quad (1\text{-}3)$$

其单位为 cm^2/s。而 Papazoglou[26] 对 α-Ti 的结果为 $D_\alpha = 3 \times 10^{-2}\exp(-7350 \pm 325/T)$，可见，$\ln D$ 与 $1/T$ 呈直线关系。

虽然氢在钛合金中的扩散能力很强，但仍然受到晶体结构等多种因素的影响，比如氢在 HCPα 钛和 BCCβ 钛中的扩散系数相差很大，氢在 β 钛中的扩散系数比在 α 钛中的扩散系数高出几个到几十个数量级[27,28]。另外，氢的扩散速率也受到温度和表面状态等因素的影响[14]。温度越高，氢的扩散系数越大。钛具有很强的化学活性，与氧在室温条件下就能迅速反应。因此，钛表面容易存在氧的污染，造成钛的吸氢能力下降。

氢在钛合金的扩散过程中，在渗氢温度下，氢气分子首先分解成氢原子并且撞击合金的表面。由于晶界和相界处结构疏松，氢原子优先在晶界或相界处短程扩散，使这两处的氢浓度在短时间内达到饱和。最后，氢原子通过晶格扩散进入晶粒内，完成扩散过程[29]。陈业新等[30] 通过对 Ti_3Al 基合金中氢扩散动力学的研究，也得出类似的结论。置氢过程中通过控制氢气压力、置氢温度以及保温时间，可以得到不同氢含量的合金。研究表明，经过高温气体充氢的试样一般不存在宏观的氢浓度梯度，氢在整个厚度范围内均匀分布。但如果存在应力集中，氢原子会在应力作用下向三向应力区扩散聚集，在应力区的局部位置达到新的浓度平衡。

氢在钛中的扩散渗透过程包括以下进程[14,31]：一是渗入钛基体中的氢与钛氢化合物自身分解的氢在氢压的推动作用下在钛基体内的扩散过程；二是氢被位错所携带一同运动而进行的扩散过程；三是钛氢化合物的生成和迁移过程。

1.3.4 氢在钛中的特性

氢在钛及其合金中具有以下特性[22,32~35]：

（1）氢在钛及钛合金中的溶解度很大，在 640℃ 及 101kPa 下，纯钛可溶解 3%（质量分数）的氢。氢在 β 钛中的溶解度大大高于在 α 钛中的溶解度。氢在 α 钛中的溶解度随温度的降低而急剧下降。

（2）作为较强的 β 稳定元素，氢扩大了钛合金的 β 相区，并降低了 β 转变温度，相应增加了退火和淬火合金中 β 相的数量。氢可使纯钛的 β 转变温度由 883℃ 降至 330℃。0.5%（质量分数）的氢可使 Ti-6Al-4V 合金的 β 转变温度由 980℃ 降至 805℃[36]，转变温度的降低有利于钛合金的热压力加工。

（3）当降温至共析转变温度（约 330℃）时，氢含量高的钛合金发生共析转变，会从饱和 $β_H$ 相中析出氢化物 δ 相。

（4）氢的溶解具有可逆性，钛合金中的氢可通过真空退火去除，使氢含量降低到允许程度。

（5）钛及钛合金具有氢脆性。对于纯钛及 α 钛合金，微量的氢就足以导致脆化。在 α + β 合金中，氢优先溶解于 β 相中。当氢含量很小时，对拉伸性能影响不大。但氢脆多出现在低应变速率和长时间作用或恒载荷的情况下，特别是当应力集中存在时，氢可导致钛零件的突然破坏。这是由于在钛晶格间隙中的氢原子在应力作用下，经一定时间后，扩散并集中在缺陷引起的应力集中处，在此处氢原子与位错发生交互作用，而使位错被钉扎住不能自由运动，结果造成基体变脆。当氢含量高时，形成 TiH_2 相，在所有类型的钛合金中均可产生氢脆，氢脆性为粉碎大块材料生产钛粉提供了途径。

1.3.5 钛氢微观作用机理

钛氢的微观作用机理主要有[7,37~39]：

（1）压力理论：氢虽以间隙态存在于点阵中，但在应力梯度的作用下会发生再分布，富集于静水压力较大的区域，形成气团，产生巨大的压力，并以切变分量附加在外应力上，使表观屈服应力下降，降低了钛合金的韧性，产生氢脆性[40]。利用氢脆性，为通过粉碎大块材料的途径生产钛粉提供了可能[41,42]。

（2）弱键理论：氢进入钛合金后，削弱了金属原子之间的键合作用，降低了结合能，使金属局部区域软化。弹性模量是表征金属与合金原子间结合能高低的参数之一，表 1-1 所示为不同氢含量的 Ti-6Al-4V 合金在 800℃温度下的剪切弹性模量[34]。可见，氢降低了合金的剪切弹性模量，说明氢降低了原子结合能。

表 1-1   Ti-6Al-4V 合金在 800℃的剪切弹性模量[34]

$w(H)/\%$	<0.005	0.09	0.13	0.17	0.32	0.54
G/MPa	4292	4059	3949	3839	3428	2824

（3）氢增强了钛原子的自扩散能力和溶质原子的扩散能力。扩散能力的提高主要是由弱键效应而引起的。弱键效应减小了溶质原子扩散所需要的能垒，表现为由于氢的加入而导致扩散系数的提高。氢在 α 相和 β 相中扩散系数相差较大，使得氢在 α 相和 β 相的分布不均，导致 Al、V 等合金元素在 α 相和 β 相的扩散系数的变化，使得主要合金元素重新分布。

（4）氢不仅可以促进位错增殖和增加螺形位错的可动性，而且可以改变位错结构和位错与周围环境的互作用。试验证明，由于氢的扩散速度比位错运动快得多，氢的加入降低了应变能，直接导致位错开动力的降低，促进了位错增殖；同时在外力作用下，氢原子将先于位错运动，相当于给位错施加了附加的作用力，增加了螺形位错的可动性，也增加了螺形位错双弯结构的形成率，改变了位错与周围环境的相互作用[40]。

1.4   钛合金热氢处理技术

钛及钛合金因具有优异的综合力学性能，在航空航天等领域得到了高度重视和广泛应用。15 年前国外高度重视新合金的研制，近几年来国外更重视合金性能的改性和挖掘。热氢处理技术就是可以改善钛合金性能的一种技术。

1.4.1 热氢处理技术的概况

氢是一种"令人生畏"的元素，若进入金属中，很容易与金属发生强烈反应[21]，可以引起材料内部结构的变化。在绝大多数情况下，氢使材料的许多性能（如磁性、耐腐蚀性等）恶化，并能导致氢脆。因此，自20世纪40年代钛工业发展以来，钛合金中的氢一直被视为有害的杂质元素，认为氢在钛合金中只会产生不利影响，材料工作者一直致力于氢脆的研究，且氢在钛合金中行为的研究也多集中于氢脆，至今仍在继续探索其机制及消除的途径。然而，在1959年，联邦德国学者 Zwiecker 和 Schleicher 发现，在 Ti-8Al、Ti-10Al、Ti-13Al 和 Ti-8Al-3In 钛合金铸锭中加入适量的氢，可以明显改善合金的热加工性能，从而提出了氢可以增加钛合金热塑性的观点，并通过实验验证了这种观点[43]。这在当时仅被作为一种例外而被忽视，但 Zwiecker 和 Schleicher 已揭开了钛合金中氢作用研究的新的一页。

Kerr[36] 在1980年发表了 "Hydrogen as an alloying element in titanium（Hydrovac）" 一文，提出临时合金元素的概念：对钛合金通过加热冷却，向基体中引入、排出氢气，把氢作为临时合金元素，来改变钛合金的微观组织和力学性能。这是一篇很有影响的文章，在后来的研究中起到指导作用。

氢作为可逆合金化元素在钛合金中具有很高的吸附能力和扩散迁移能力，对相变过程和组织结构的形成有着强烈的影响，保证能实现可逆合金化而不改变材料的整体状态。热氢处理（thermohydrogen processing，THP）是钛合金的一种特有的热处理方式，也称氢处理或氢工艺，它是20世纪70年代末80年代初发展起来的把含氢钛合金的可逆合金化和热作用相结合的一种新技术[44~47]，主要是指当钛合金中氢含量达到规定浓度时，氢使钛合金组织结构发生变化，促使其工艺性能和力学性能得到改善。对钛合金进行加工后，再利用真空退火降低氢含量以达到标准值，使钛合金在以后的使用过程中不发生氢脆。该技术是利用氢在钛及钛合金中的强扩散性，把氢作为临时合金化元素,借助氢致塑性、氢致相变以及钛合金中氢的可逆合金化作用,以实现钛氢系统最佳组织结构、改善加工性能的一种新体系、新方法和新手段。利用该技术可以达到改善钛合金的加工性能、提高钛制件的使用性能、降低钛产品的制造成本、提高钛合金的加工效率的目的[7,8]。

钛合金加氢会使钛合金产生一些变化[44]:压力加工时钛合金的流变应力显著降低,变形极限明显提高;片状粗晶组织容易转变成球形细晶组织;降低切削区的温度和切削力,机加工条件得到改善;细化钛合金铸件、锻件晶粒组织,提高其力学性能。根据这些变化,采用的钛合金氢处理工艺主要包括氢增塑、氢加工、氢致密和氢工艺。生产中,通常将这些工艺结合在一起使用。

1.4.2 热氢处理技术的国内外研究现状

俄罗斯是较早研究氢处理工艺的国家,同时也是较早把氢处理工艺制定为工业标准的国家。20 世纪 70 年代,苏联莫斯科飞机制造研究院开始研究氢对钛合金加工性能的影响,制定了难变形钛合金压力加工的新工艺。大量研究表明,该技术不仅降低了钛合金热变形应力,而且有助于后续热处理和最终真空退火时的组织变化,从而改善了钛合金的组织结构和加工性能[32,45,46]。

目前,俄罗斯已在飞机制造中应用氢处理工艺,增加了钛合金在飞机上的使用。Mamonov[48]在 1995 年对叶片用钛合金 VT18U 进行了氢处理,研究了氢处理对组织结构以及力学性能的影响,结果使拉伸性能和疲劳性能得到改善。1995 年俄罗斯已把氢处理工艺推荐为工业应用技术,并对钛合金的氢处理技术进行了系统的研究,目前已发展成为一套完善的技术,它主要包括氢热加工、氢增塑、氢致密、氢机械加工和异型铸件氢工艺。这些工艺可单独使用,也可几个结合使用。俄罗斯的主要研究者有 Nosov、Kolachev 和 Ilyin 等[49~54]。

除俄罗斯外,美国、日本、中国、韩国、英国等国家对钛合金热氢处理技术也做了大量的研究工作。1980 年,美国的 Kerr 首次报道采用氢处理工艺达到细化钛合金组织的目的。美国把氢处理称为热化学处理(thermochemical processing, TCP),而俄罗斯则称其为热氢处理（thermohydrogen treatment，THT）。美国的研究者主要有 Kerr[55]、Froes[8]、Senkov[45]和 Qazi[56~59]等，他们主要研究冶金钛粉、钛及钛合金的组织改性等。另外，也将氢处理工艺用于钛铝，极大地改善了钛铝的力学性能，并有多项专利发表，两相钛合金细化氢处理工艺已应用在生产中。在工业应用方面，美国的一些先进飞机、发动机的关键零件采用氢处理工艺（如 Howmet 公司的 CST 专利技术）使铸件的拉伸、疲劳强度达到或超过锻件的水平。德国 Siegen 大学的材料技术研究所也对钛合金进行了氢处理研究，以改善钛合金的强度和疲劳性能。通过氢化，将氢均匀地置于钛合金中，该过程一般在相变点以下进行，以防止晶粒粗化。如果在相变点以上进行，需要在晶粒长大前溶解退火。该工作在 Ti-1023 中开展了研究工作，主要是利用热氢处理技术在不降低塑性的情况下，提高强度和疲劳性能。该过程分为三步：第一，在相变点以下均匀置氢；第二，溶解退火降低相变点，保持细晶强化；第三，在真空时效过程中，固溶在 β 中的 α 析出，增强析出强化的作用，并除氢。在对 Ti-1023 进行循环热氢处理后，材料的强度增加了 200MPa[1]。

早在 20 世纪 80 年代末 90 年代初，国内就有一些单位对钛合金热氢处理技术进行了研究，北京航空材料研究院的张少卿等对置氢细化钛合金的微观组织[18,35,60,61]、热加工性能[34,62,63]、超塑性[64]等进行了研究，东北工学院（现东北大学）的宫波、徐振声和张彩碚等对置氢钛合金的高温增塑性能[65,66]、超塑性[65]以及细化组织[66]等进行了研究。但我国航空航天钛合金的应用研究起步较晚，钛合金应用量不大，导致钛合金氢处理的应用需求不强烈。另外，该项研究技术要求高，而国内硬件条件差，导致工作的深度与广度不够，都处于实验室研究阶段，并未出现针对实际应用的研究报道。但是随着国外氢处理技术的逐渐成熟，国内钛合金零件的应用不断增加，有必要开展钛合金氢处理的应用研究，来改善零件性能，降低产品不合格率。近年来，哈尔滨工业大学和北京航空制造工程研究所[5,24,67~79]等对钛合金的热氢处理技术进行了系统研究，已经在 Ti-6Al-4V、TC11、Ti3Al 等钛合金零件上开展了氢处理研究，制定了几种氢处理工艺，积累了许多数据，而且正在设计制造国内最大的氢处理炉，为氢处理工程化研究打下了基础。

目前，氢处理技术仍处于研究阶段，应用较少，尤其是在国内，由于钛合金的研究起步较晚，钛合金的应用也很有限，大大限制了钛合金氢处理技术的发展。虽然氢处理在改善钛合金组织结构、力学性能以及加工性能上具有显著优点。但是，关于钛合金氢处理技术的研究深度和广度都不够，更没有规模应用。随着钛工业的不断发展，钛合金的氢处理技术也将越来越受到重视，相信不久的将来，钛合金氢处理技术就能成功地应用于钛合金重要零件的生产中[80]。

1.4.3 热氢处理技术的应用及前景

钛合金热氢处理技术是利用适量的氢与钛合金的相互作用以达到改善性能的目的，已经或有可能在以下几个方面获得应用，并具有较高的实用价值。

1.4.3.1 氢致钛合金增塑

钛合金氢合金化降低金属流变应力及提高极限变形率的效应，称为"氢增塑"。氢对钛合金热塑性、室温塑性和超塑性等都产生有益的影响。高温氢增塑的温度为 500~1000℃，其作用是降低金属流变应力，提高极限变形率。室温氢增塑的效果是提高初始裂纹出现前的极限变形率。氢可以降低钛合金超塑性变形时的流变应力、成型温度，提高极限变形率。氢致室温增塑、氢致高温增塑和氢致超塑性是氢增塑技术中既有联系又有区别的三种现象。每种现象都有各自的、不同于其他两种现象的属性，本书的后续章节主要介绍氢对钛合金室温塑性、高温塑性及超塑性的影响。

1.4.3.2 氢对钛合金扩散加工的影响

钛合金扩散加工是在加热加压条件下，利用被连接表面微塑性变形和原子扩散实现固结与连接的工艺，主要有扩散焊接、超塑性成型扩散连接和粉末固结加工。钛合金扩散加工温度相对较高，扩散加工压力大、时间长、效率低。

俄罗斯学者研究表明[81]，利用置氢加强附着和增塑作用，钛合金中加入适量的氢可以在比常规扩散连接工艺（包括超塑成型扩散连接和扩散焊接）低得多的温度（50～150℃）条件下获得高质量的扩散接头；若在常规扩散连接温度下，渗氢毛坯的扩散连接单位压力降低30%～70%，同时还可缩短过程时间，提高效率。

北京科技大学的李志强等[82]研究了氢对Ti6Al4V合金扩散连接行为及机理的影响，发现氢能够显著提高扩散连接接头的焊合率，置氢0.11%在840℃的焊合率大于98%，如图1-2所示。氢对扩散连接行为的改善作用主要是由于氢的弱键效应及其对元素扩散系数的提高，相对于未置氢合金，0.11%的氢能够将Al和V元素的扩散系数提高一个数量级，并使扩散连接温度降低40℃。

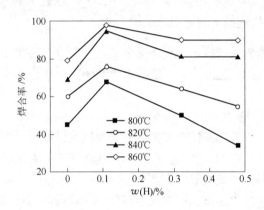

图1-2 氢含量对Ti6Al4V合金扩散连接焊合率的影响[82]

哈尔滨工业大学的周利等[83]研究了置氢对Ti6Al4V合金搅拌摩擦焊接特性的影响。发现置氢有助于改善合金的焊缝成型，当氢含量为0.3%时，能用较低的能量输入、较宽泛的焊接工艺参数实现焊接，并获得表面光洁美观、内部没有缺陷的搅拌摩擦焊缝，如图1-3和图1-4所示。置氢不仅使其易于实现焊接，也有助于降低搅拌头磨损，提高搅拌头寿命。

哈尔滨工业大学的刘宏等[84]针对置氢TC4钛合金，分别开展了直接和间接扩散连接试验，研究了扩散连接接头的界面结构以及连接工艺参数对界面结构的影响规律，探讨了氢致低温扩散连接机理。发现在相同的工艺参数下，随着氢含量的增加，接头界面处的

a

b

c

d

图 1-3 Ti6Al4V 合金焊缝表面成型[83]

a—400r/min, 25mm/min; *b*—400r/min, 100mm/min;
c—400r/min, 75mm/min; *d*—600r/min, 75mm/min

扩散孔隙逐渐减少，当氢含量增加到 0.3% 以上时，接头界面中的扩散孔隙基本消失，结果表面氢的存在有利于扩散连接的改善，如图 1-5 所示。

将钛合金的粉末成型和热氢处理技术相结合，可以降低钛合金粉末成型时的固结温度，缩短成型时间，降低制件的孔隙率，相应地提

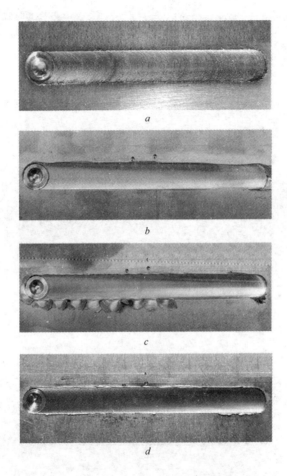

图 1-4　Ti6Al4V-0.3H 合金焊缝表面成型[83]

a—400r/min，50mm/min；b—400r/min，125mm/min；

c—350r/min，75mm/min；d—500r/min，75mm/min

高制件的力学性能。河北联合大学的田亚强等研究了置氢 TC4 和 TC21 等合金的粉末烧结和热等静压等制件的组织和性能，发现随着置氢量的增加，置氢钛合金粉末制件的密度呈逐渐增高的趋势[85]，如图 1-6 所示。哈尔滨工业大学的李敏等[86]研究了置氢 Ti6Al4V 粉末磁脉冲压实的变形行为和机理。研究发现，随着氢含量的增加，压

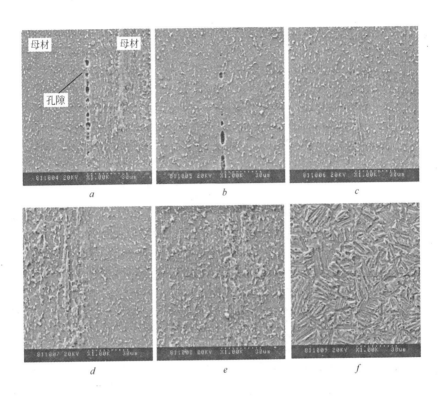

图 1-5 连接温度 800℃、时间 50min 和压力 3MPa 下不同氢含量
TC4 钛合金的接头界面微观组织[84]
a—不含氢；b—置氢 0.1％；c—置氢 0.2％；
d—置氢 0.3％；e—置氢 0.4％；f—置氢 0.5％

坯的相对密度先升高后降低，在氢含量为 0.09％ 时相对密度最大，
如图 1-7 所示。这表明粉末的压缩性也是先增强后降低，在氢含量为
0.09％ 时最好。随着温度的升高，不同氢含量压坯相对密度之间的差
别减少。这主要是因为：氢是 β 相稳定元素，随着氢含量的增加，β
相增多，从而导致粉末的塑性提高，压缩性增强，但是当氢含量不低
于 0.18％ 时粉末中出现 δ 氢化物，从而使得粉末的压缩性变差；当
压实温度较低时，氢脆的影响使得氢含量比较高时粉末压缩性比较
差，压实温度较高时，温度提高了粉末的表面活性和塑性，降低了氢

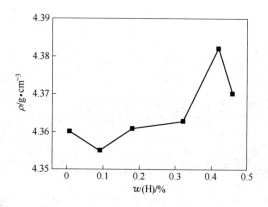

图 1-6　不同置氢量 TC4 合金粉末热等静压制件密度[85]

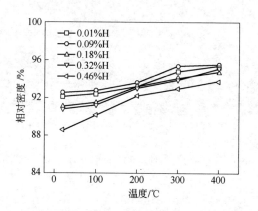

图 1-7　温度对不同氢含量 Ti6Al4V 粉末压坯相对密度的影响[86]

脆的影响。从图 1-7 中还可以看出：400℃压实的含氢 0.09% 的粉末压坯相对密度最大，其值为 95.53%。室温下磁脉冲压实的置氢 Ti6Al4V 粉末压坯的抗压强度，如图 1-8 所示。随着氢含量的增加，压坯抗压强度先升高后降低。当氢含量为 0.18% 时，抗压强度达到最大值，其值为 504.93MPa。这说明适量的氢有利于提高压坯的抗压强度。

氢改善钛合金扩散加工的主要机制为：

（1）氢导致钛合金热变形流动应力下降，热塑性增加，从而使

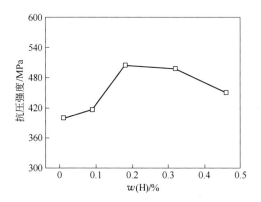

图 1-8 氢含量对压坯抗压强度的影响[86]

渗氢钛合金在高温下易于变形；

（2）氢在钛中的自扩散和溶质扩散能力较高，特别是在 β 相内的扩散能力更高，因而氢可以加速合金元素的扩散，降低原子结合能，减小扩散激活能，提高扩散协调变形能力；

（3）由于氢的扩散解析作用而在钛中形成许多均匀分布的空位，增大了钛的表面活性，降低了烧结过程自由能，强化了烧结过程。

1.4.3.3 氢对钛合金切削加工的影响

钛合金切削加工技术是钛合金制件加工不可缺少的加工手段之一，但由于钛合金的导热性能差、高温强度高、弹性模量大、高温活性大等特点，一直存在着切削效率低（仅为铝合金加工效率的15%）、尺寸控制难、刀具寿命短、加工成本高等问题。因此，如何改善钛合金的切削加工性能是一个重要的研究课题。

研究表明[87,88]，钛合金中加入适量的氢可以显著改善其切削加工性能，降低切削区温度 50～150℃，降低切削力 66%～78%，改善切屑的形状，使带状切屑转变为断屑，提高刀具寿命和加工效率，刀具寿命可提高 2～10 倍。

南京航空航天大学的危卫华等[89]针对 TC4 钛合金，系统地研究了热氢处理钛合金切削加工中的切削变形、摩擦和刀具磨损机理。未经热氢处理试件切屑为缠绕形管状切屑，这种切屑很容易缠绕在刀具和工件上，影响已加工的表面质量，甚至影响切削加工的进行。而置氢试件出现较短的管状切屑，这种切屑形成过程较平稳，且清理方便，是一种典型的良好屑形，因此对切削过程有利，如图 1-9 所示。随着置氢量的增加，切屑自由表面上沿垂直于切屑流出方向的凸起条纹越来越明显，且趋向于平行状分布，如图 1-10 所示。

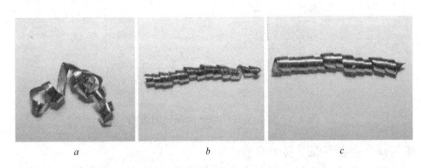

图 1-9   典型切屑形貌（$v_c = 130\text{m/min}$）[89]

$a—w(\text{H}) = 0\%$；$b—w(\text{H}) = 0.29\%$；$c—w(\text{H}) = 0.48\%$

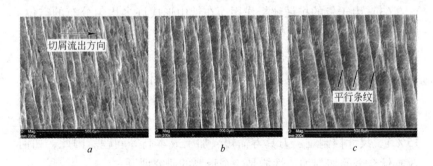

图 1-10   自由表面形貌（$v_c = 130\text{m/min}$）[89]

$a—w(\text{H}) = 0\%$；$b—w(\text{H}) = 0.29\%$；$c—w(\text{H}) = 0.48\%$

南昌航空大学的华小珍等[90]研究了热氢处理对 TC4 钛合金切削加工性的影响，结果表明，渗入一定量的氢后，TC4 钛合金的切削加工性得到改善；并且在所研究的氢含量范围 0% ~ 0.45% 内存在一个最佳切削氢含量范围，为 0.30% ~ 0.40%，其中最佳切削氢含量为0.32%。此时，切削力降低约10%，表面粗糙度减小约38%，切屑由带状变为节状，可切削加工性最好，如图 1-11 ~ 图 1-13 所示。

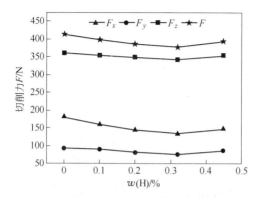

图 1-11 氢含量对 TC4 合金切削力的影响[90]

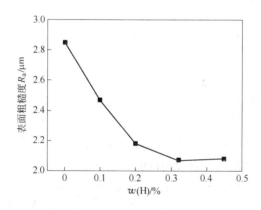

图 1-12 氢含量对 TC4 合金表面粗糙度的影响[90]

氢改善钛合金切削加工性能的主要机理为[7]：

（1）氢合金化导致各种相比例与结构的变化。渗氢可导致 α 和近 α 钛合金析出氢化物，使合金脆性增加，切屑易于去除，可切削性增加；对于近 α 和 α + β 钛合金，随着氢含量的增加，β 相数量增加，超出其固溶极限时会析出氢化物，氢含量很高时会形成近 β 结构，这时合金的切削性能因 β 相数量的增加，导致合金塑性增加和与刀具的亲和性增强，可切削性降低。

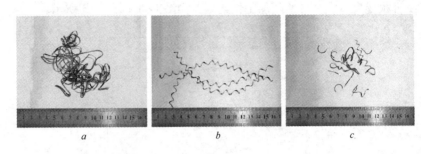

图 1-13 不同氢含量 TC4 合金的切屑形貌

a—未渗氢；b—$w(H)=0.20\%$；c—$w(H)=0.32\%$[90]

（2）氢合金化可使钛合金晶粒细化，且这种结构具有良好的可切削加工性。当渗氢温度从 750℃ 提高到 850℃ 时，由于晶粒长大和 β 相数量的增加而导致可切削性降低。

（3）氢合金化导致与钛合金切削加工性相关力学性能的变化。氢致相变和晶粒细化，引起合金冲击韧性和流变应力降低，导致切削区温度下降，切削性能提高。

（4）氢合金化引起钛合金热物理性能变化。钛合金渗氢后，其热传导性得以提高，改善了切削区的散热条件，提高了刀具寿命。

（5）氢合金化导致钛合金与刀具磨损特性的变化。

1.4.3.4 氢处理对钛合金微观组织的影响

氢不但可以提高钛合金的性能，而且对钛合金的微观组织也有改善。钛合金铸态组织一般为粗大的等轴或片层结构，其力学性能较差。1980 年美国的 Kerr[91] 等首次提出利用氢处理技术来细化铸造钛合金组织，使铸造钛合金的疲劳寿命提高到与变形合金同等的水平。此后，美国、苏联、日本等国家的研究工作者先后开展了一系列的氢处理方法的研究。阿·阿·依里因等[92] 对 Ti-6Al-4V、BT5 和 BT20 合金铸锭进行氢处理，发现氢处理可以把粗大的片状铸造组织转变为细小的弥散组织（图 1-14），并提高合金的强度与塑性，特别是可提高合金的疲劳持久强度。氢处理细化作用不但对铸造钛合金有作用，而且对变形钛合金同样有作用。杜忠权等[93] 对 Ti-10V-2Fe-3Al 合金的轧制棒材进行氢处理细化研究，发现利用渗氢处理方法可以将合金的晶粒尺寸由原来的 18μm 细化到 4μm 以下，从而大大有利于合金的超塑性成型。

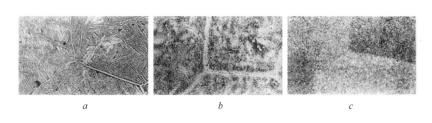

图 1-14　BT5 合金的组织[92]

a—原始铸态；b—氢饱和至 0.8% 后；c—真空退火后

钛合金氢处理细化组织的主要机制[61,94]为：钛合金置氢时，随着置氢温度的升高和氢的置入，钛合金进入 β 单相区或接近单相区，同时氢化物沿晶界和晶内析出；在时效和降温时，随着温度的降低，除已形成的氢化物继续存在外，还发生 β→α + TiH$_x$ 转变，产生大量细小的氢化物，并弥散分布。由 β→α + TiH$_x$ 转变产生的较大体积效应和 β 相的低强度而引起共格结合晶粒/基体相界上的高弹性应力，导致 α 相形成阶段就失去共格性，限制了晶格按马氏体机制生长的可能性。此时，晶体的扩散生长也因 β→α 转变温度低而遇到困难，而在不进行 β→α 转变的含氢 β 相中发生共析转变。共析转变造成氢化物周围出现应变场和基体中出现大量位错，基体的畸变能大大增加，为新相再结晶提供了高密度的形核地点和能够长大的有利条件。因而，在真空除氢处理时，材料发生再结晶，使粗大的组织得以细化和等轴化。

1.4.3.5　其他

钛合金热氢处理技术是钛合金金相学和工艺学的一个新的学科方向，对于改善钛合金的加工性能、挖潜钛合金加工能力、提高制件使用性能和降低加工成本有重要的作用，具有很高的技术经济效益和良好的应用前景。

钛合金热氢处理技术除了在塑性加工、扩散加工、切削加工以及细化组织等方面的应用外，还可以应用于以下领域[7,49]：

(1) 变质加工。钛合金铸态组织一般为粗大的等轴或片层晶，其合金的力学性能较差，特别是低周疲劳寿命和断裂韧性较低，严重制约了铸造钛合金的应用与发展。为达到细化组织、改进力学性能的目的，通常采用锻、轧等加工方法对其进行破碎。通过利用一种无液相转变的氢处理工艺，控制 α 相在含氢 β 相分解中的生长过程，或通过热循环的氢相硬化，可以细化铸造钛合金粗大的铸态组织，从而提高合金的拉伸强度、疲劳强度和断裂韧性，该法工艺简单，效果明显，已成为提高钛合金工艺性能的一种新型加工方法。

(2) 残钛加氢处理。钛零部件在加工过程中会产生大量残料，一般残料经过处理后，加入到海绵钛中回收利用。俄罗斯开发成功了利用热氢处理工艺利用回收、利用钛合金切屑的新方法[46]，包括残钛清洗、冷压成块、热压、热氢处理、成型和真空脱氢。该方法与传统方法相比，大大地降低了生产成本（降低 80% ~ 90%），不仅解决了残钛回收问题，而且其制品还可以用于民用工业部门，为钛在国民经济各部门的应用开辟了广阔前景。

(3) 制备钛基复合材料。氢处理技术可以降低钛基复合材料制备过程的基体材料流变应力和制备温度，从而达到减少基体和增强物之间的界面反应的目的，并提高复合材料的性能。

钛合金渗氢既可以单独进行，也可以同某一工艺集成在一起。如果将渗氢技术与某一具体工艺相结合，必然是对传统工艺的革新，会产生更大的经济技术效益。传统超塑性成型过程是抽真空-加压成型，如果将渗氢引入超塑性成型过程，其路线为抽真空-渗氢-加压成型-脱氢，可以在一个热循环实现渗氢和成型两个工序，提高了生产率，因而是一种比较有发展前景的复合工艺技术。

总之，钛合金中氢具有双重性：一方面，氢作为有害杂质元素对钛合金的使用性能产生极为不利的影响；另一方面，可以通过合理有效地控制渗氢、相变、除氢等过程，获得适应某种工艺的组织结构以改善其加工性能，否则，氢的积极作用也不能得到发挥。需要指出的是，氢的有益作用主要体现在钛合金的加工过程中，无论其加工过程是否加氢，必须利用氢的可逆合金化作用经真空退火使其氢含量恢复到安全水平，以保证钛合金制件在使用中不发生氢脆。铁合金热氢处理技术是从氢的可逆合金化角度出发，有效地控制钛氢系统中氢含量、存在状态及相变过程，实现改善塑性加工、扩散加工和切削加工工艺性能的目的，并已成为一个新型的学科领域。钛合金热氢处理技术有利于全面改善钛合金成型性能，提高加工效率，降低加工难度和提高制件使用性能，可以提升钛合金的加工制造水平，其应用前景良好，尤其是对于航空航天等高技术领域用高强高温钛合金半成品及零部件，当采用常规的办法不能解决它的组织粗化和强韧性匹配等问题时，热氢处理技术无疑是一种非常有效的方法，而且该技术还可以推广到与钛性质相近金属的加工过程之中，扩大其应用范围。

钛合金的置氢工艺

2.1 引言

在研究氢对钛合金组织与性能的影响时，首先需要向钛合金中置入一定量的氢，而置氢工艺是钛合金获得研究所需的氢浓度以及使氢在钛合金中均匀分布的关键，是获得所需组织与性能的前提。

2.2 氢处理方法

钛合金的置氢方法主要有固态置氢法和液态置氢法。

2.2.1 固态置氢法

钛合金固态置氢法是指将钛合金试样处于高温的氢气氛中，使氢扩散进入钛合金的方法，置氢过程中钛合金试样始终处于固态。

固态置氢法一般有两种方法：流动渗氢法和静态渗氢法。

2.2.1.1 流动渗氢法

流动渗氢法是指钛合金试样在高温氢气氛中保温的过程中，氢气处于流动的状态。哈尔滨工业大学的孙东立等[95]利用该方法对钛合金进行了渗氢工艺试验研究。该方法的一般过程：先往放有钛合金试样的管式电阻加热炉炉管内通高纯氮气，以排除炉管内的空气。关闭氮气后通入高纯氢气，氮气与氢气的转换通过二位三通气阀控制。将炉管以一定的升温速率升温至渗氢温度，然后保温，并始终保持炉管内的氢气流速稳定。然后把炉管迅速从炉腔中抽出，试样在氢气氛中空冷至300℃。关闭氢气通入氮气以排出剩余氢气，取出试样冷至室温。该方法可以通过控制渗氢温度、保温时间、氢气流速、改变试样的比表面积等得到不同氢含量的钛合金试样。

2.2.1.2 静态渗氢法

静态渗氢法是指钛合金试样在高温氢气氛中保温的过程中，氢气处于不流动的状态。该方法的一般过程[96,97]：将试样放入管式电阻炉内，然后抽真空，以排出炉管内的空气，防止钛合金发生氧化，然后以一定的升温速率将炉管加热至设定温度，充气一定量的高纯氢气，并保温一定的时间，关闭加热电源，冷却试样。该方法可以通过控制氢压、置氢温度等控制钛合金中的氢含量。

置氢装置一般为管式电阻加热炉，流动渗氢法不需要真空系统，而静态渗氢法需要真空系统（如图2-1～图2-3所示）。静态渗氢法的装置主要由可移动式加热炉、炉管、温度控制系统、真空机组、供气系统等部分组成，另外供气系统中也可以加上净化装置，目的在于净化 H_2，除去 O_2、H_2O 及其他物质，防止钛合金氧化。净化器的工作原理一般是利用钯合金对氢的选择性透过的特征，以钯合金管为扩散

a

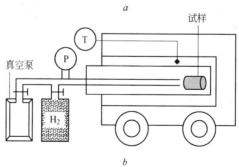

b

图2-1 管式高温置氢炉

a—设备；*b*—示意图[98]

室，从原料氢中提取高纯氢。

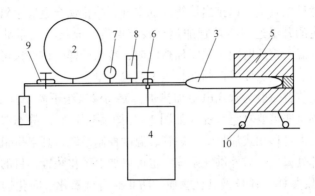

图 2-2　气相充气装置示意图[97]
1—氢气瓶；2—玻璃储氢容器；3—石英管；4—真空系统；5—加热电阻炉；
6—三通阀门；7—精密压力计；8—温度表；9—真空阀；10—轨道

图 2-3　氢处理装置[99]

　　钛合金经置氢处理后，氢含量的测定方法一般为称重法，该方法是指利用精密电子天平称量钛合金试样置氢前后的质量，利用式 (2-1) 计算出钛合金中的氢含量。

$$w(\text{H}) = \frac{m_2 - m_1}{m_1} \times 100\% \tag{2-1}$$

式中，$w(\text{H})$ 为氢含量；m_1 为试样置氢前的质量；m_2 为试样置氢后的质量。

研究表明，用称重法来确定钛合金置氢后的氢含量是准确的[59]。

2.2.2 液态置氢法

液态置氢法是指在熔化的过程中将氢引入到钛合金熔体中的一种置氢方法。王亮等[100]通过熔炼的方式来实现钛合金的液态置氢，钛合金在氢/氩混合气氛中进行熔炼，被吸收的氢在凝固后保留在钛合金的内部。该方法通过控制氢分压来实现对钛合金中的氢含量的控制，可以对较大厚度、尺寸的试样进行置氢处理。液态置氢的主要设备是高真空-钨电机-非自耗电弧炉和多组分分析系统，如图2-4和图2-5所示。

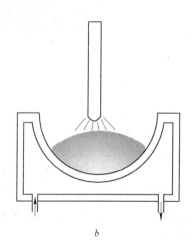

a   *b*

图2-4 实验中的熔炼设备[100]

a—设备；*b*—示意图

2.3 影响氢处理效果的因素

影响钛合金渗氢的因素有很多，除了置氢温度、保温时间和氢压等氢处理工艺参数外，试样表面的状态和内部结构成分等也是重要的影响因素。

中国科学院金属研究所的刘玉等[101]研究了氧化温度对工业纯钛

图 2-5 JF-2200 型多组分分析系统[100]

阻氢性能的影响。图 2-6 所示为钛氧化膜在恒温及变温条件下的阻氢性能曲线。由图可知，钛经氧化后，其表层氧化膜具有阻氢性能。温度低于 500℃ 时，随着氧化温度的升高，氧化层厚度增加，氧化层的阻氢性能逐渐增强；温度高于 500℃ 后，氧化层阻氢性能随氧化温度的升高而降低，这是因为随着温度的升高，氧化层的致密度逐渐降低，氢原子很容易穿过氧化物之间的空隙与基体发生反应。从图 2-6a 和图 2-6b 中可以看出，钛在氢气中的吸氢过程可以分成以下 5 个阶段：

（1）氢在氧化膜中的渗透阶段；

（2）快速吸氢阶段；

（3）缓慢吸氢阶段；

（4）快速吸氢阶段；

（5）吸氢饱和阶段。

以 400℃ 氧化后的工业纯钛的吸氢过程为例（图 2-6b）：

（1）0~330s 时间段，吸附在氧化膜表面的氢分子解离成氢原子后在氧化膜中缓慢扩散；因氢原子在氧化膜中的扩散速率较为缓慢，因此该过程中的氢气压力变化较少。

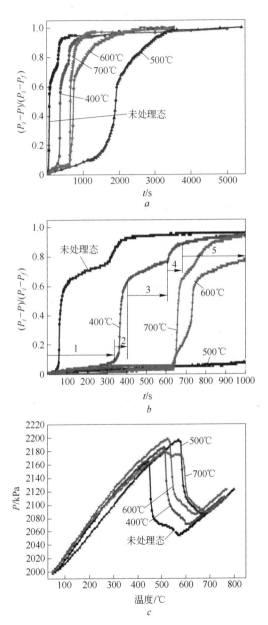

图 2-6 钛氧化膜在恒温及变温条件下的阻氢性能曲线 [101]

a, b—恒温; c—变温

（2）330～410s 时间段，随着氢原子在氧化膜中的渗透，氢原子与钛基体发生反应生成 TiH_2，产生内应力，氧化膜在应力作用下发生破裂，使得新鲜钛基体暴露在氢气中，从而快速与氢发生反应。

（3）410～610s 时间段，可能由于氢气中含有氧气、水蒸气等氧化性气体，钛在快速吸氢的同时亦发生氧化现象，因而能够在一定程度上修复被破坏的氧化膜。

（4）610～690s 阶段，随着氢原子在氧化膜中的渗透，被修复的氧化膜可能进一步遭到破坏，从而导致钛的吸氢速率加快。

（5）690～1000s 阶段为钛的吸氢饱和阶段。

图 2-6c 所示为氢气压力随着温度变化曲线。在未吸氢阶段，随着温度的升高，氢气压力逐渐升高，当钛氧化膜被破坏时，氢气压力突然下降。

而黄刚等在文献［20］中指出：钛具有很强的化学活性，与氧在室温条件下就能迅速反应。因此，钛表面即使在超高真空条件下，仍然存在氧的污染，造成钛的吸氢性能下降。研究表明[102,103]，表面受到氧污染的钛膜，其吸氢量可减少数倍之多，但通过重新镀上一层清洁的钛膜使其重生，其吸氢能力能够得到恢复，并相对清洁表面略有提高。由于新镀钛膜的厚度很薄，它本身的吸氢量对样品总吸氢量不会有大的影响，因此吸氢量的增加是由于表面清洁程度的提高，表面提供的吸附位置重新增加而产生的，在吸附位置上解离的氢可以穿过氧污染层扩散到钛膜体内，而将表面的吸附位置空出，以利于吸附更多的氢。所以，氧污染降低钛膜吸氢能力的原因是使钛膜上氢分子解离的位置减少，而不是起扩散阻挡层的作用。

虽然氧化膜造成钛合金吸氢能力下降的原因还存在争议，但是可以肯定的是氧化膜的存在使钛合金的吸氢能力下降。因此，在钛合金置氢过程中，必须防止钛合金发生氧化。

2.4 钛合金的吸氢过程

钛合金的吸氢过程主要分为以下几个阶段[104]：

（1）氢气流到达合金表面，在合金表面发生物理吸附。

（2）吸附在表面的氢分子分解为氢原子（离子），在表面产生化学吸附。

（3）化学吸附态的原子向金属晶格中迁移，氢原子与钛形成钛氢化物。

（4）氢通过氢化物层进一步扩散。

2.5 钛合金高温气相充氢研究

钛合金置氢加工技术是利用氢致相变、氢致塑性和氢的可逆合金化作用，重构微观组织结构，以改善钛合金加工性能的新方法。置氢加工过程中氢含量及其存在状态对钛合金的加工性能具有重要的影响，国内外许多研究者在这方面进行了深入的探索，并且取得了重要的研究进展[45,69,74,75,82,83]，但上述研究均是在假定材料中氢分布均匀的条件下进行的。由于置氢过程实质上既是物理扩散过程也是化学反应过程，因此氢在钛合金中分布均匀与否应满足一定的条件，而氢分布均匀性直接影响内部的组织均匀性，并对其置氢加工性能和置氢加工后的服役性能都具有重要的影响。同时，对于切削加工而言，由于只需在一定切削层范围内改善其组织，以达到改善切削加工性能的目的，因此通过控制置氢过程以获得改善加工性能的梯度组织则更具实际意义[105]。

作者利用静态渗氢法对 Ti-6Al-4V 钛合金进行了渗氢处理，研究了置氢温度、保温时间和氢压等对钛合金氢含量的影响规律。

2.5.1 置氢温度对 Ti-6Al-4V 钛合金氢含量的影响

图 2-7 所示为置氢温度对 Ti-6Al-4V 钛合金氢含量的影响。由图可知，当置氢温度较低时，合金的吸氢量很少，随着置氢温度的增加，合金的吸氢量逐渐增加，但增幅较小。当置氢温度高于 500℃时，合金的吸氢量急剧增加，在 550℃时，合金的吸氢量达到最大值，之后随着置氢温度的增加，合金的吸氢量又逐渐下降。

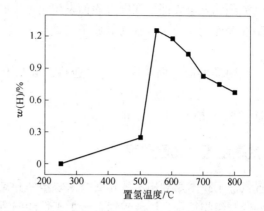

图 2-7 置氢温度对 Ti-6Al-4V 钛合金氢含量的影响

2. 5. 2 保温时间对 Ti-6Al-4V 钛合金氢含量的影响

图 2-8 所示为保温时间对 Ti-6Al-4V 钛合金氢含量的影响。由图可知，当保温时间较短时，合金的吸氢量较少。随着保温时间的增加，合金的吸氢量逐渐增加，且增幅逐渐变小。在保温时间超过 30min 后，合金中的氢含量相近，达到饱和状态。

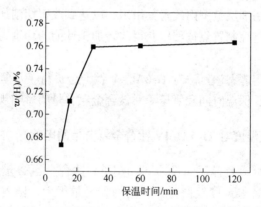

图 2-8 保温时间对 Ti-6Al-4V 钛合金氢含量的影响

2. 5. 3 氢压对 Ti-6Al-4V 钛合金氢含量的影响

图 2-9 所示为氢压对 Ti-6Al-4V 钛合金氢含量的影响。由图可

知, 合金中的氢含量与氢压基本呈线性关系。图 2-10 所示为 Ti-6Al-4V 钛合金在置氢过程中炉管内的氢压随保温时间变化的规律。由图可以看出, 在充氢开始时, 炉管内的氢压下降幅度最大。随着保温时间的增加, 氢压下降幅度逐渐变小。在保温时间超过 20min 后, 氢压下降的幅度明显变小, 直至最后氢压稳定。

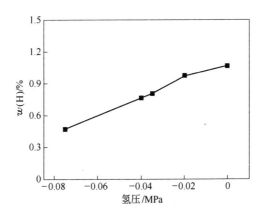

图 2-9　氢压对 Ti-6Al-4V 钛合金氢含量的影响

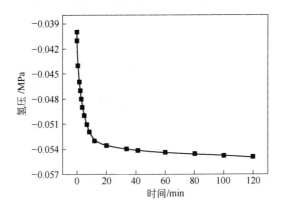

图 2-10　Ti-6Al-4V 钛合金置氢过程中氢压随时间变化的规律

北京航空材料研究所的潘峰等[106]研究了铸造 Ti-6Al-4V 钛合金的氢化特征, 总结出合金中的氢含量相同时, $\lg P$ 和 $1/T$ 呈线性关系, 如图 2-11 所示。

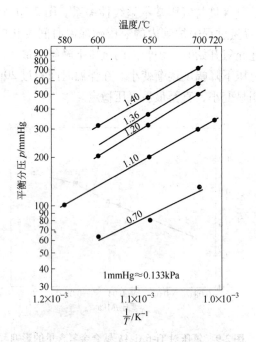

图 2-11 含氢量与平衡分压及温度的关系[106]

气体物质在金属中的浓度与其平衡分压的关系为[106]:

$$C = K(\beta P)^{1/n} \qquad (2-2)$$

式中，C 为浓度；P 为平衡分压；n 为气体物质分子中所含原子个数，H_2 的离解方式为 $H_2 \rightarrow 2H$，所以这里 $n = 2$；β 为校正系数，理想状态下 $\beta = 1$；K 为平衡常数，与温度 T 和扩散激活能 Q 有关。

$$K = K_0 e^{-Q/(RT)} \qquad (2-3)$$

于是，浓度 C 可表达为：

$$C = K_0 \sqrt{\beta P} e^{-Q/(RT)} \qquad (2-4)$$

$$\lg P = 2(\lg C - \lg K_0) + \frac{2Q}{RT}\lg e \qquad (2-5)$$

令

$$A = 2(\lg C - \lg K_0); \quad B = \frac{2Q}{R\lg e}$$

则

$$\lg P = A + \frac{B}{T} \tag{2-6}$$

即 $\lg P$ 与 $1/T$ 呈线性关系。

充氢达到平衡所需时间与试样的数量、大小、充氢温度、H_2 分压有关。试样越多越大,所需时间越长。渗氢温度和 H_2 分压都与其成反比,图 2-12 所示为 700℃时 H_2 分压与平衡所需时间的关系。表 2-1 所示为当 H_2 分压为 200mmHg(1mmHg≈0.133kPa)时平衡所需时间与渗氢温度的关系。

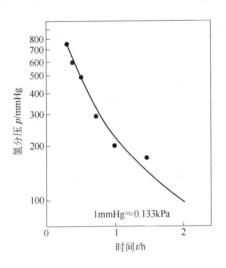

图 2-12 700℃时 H_2 分压与平衡所需时间的关系[106]

表 2-1 $P = 200\text{mmHg}$(1mmHg≈0.133kPa)时
平衡所需时间与温度的关系[106]

渗氢温度/℃	600	650	700
平衡所需时间/h	2	1.5	1

α 相为密排六方结构,β 相为体心立方结构是非密排的,故氢在 β 相中扩散较 α 相中快得多,这样渗氢过程主要由 α 相中扩散来控制。根据费克扩散定律的正弦函数解知,试样中心处的浓度为:

$$C = C_0 \left[1 - \frac{4}{\pi} \exp\left(-\frac{\pi^2 D t}{d^2} \right) \right] \tag{2-7}$$

式中，d 为试样尺寸；t 为时间；D 是扩散系数，扩散平衡时 $C = C_0$，则达到平衡时所需时间为：

$$t = \frac{d^2}{\pi^2 D} \ln \frac{4}{D} \qquad (2-8)$$

也就是说，试样大小不变的情况下，平衡所需时间只与扩散系数有关，当 T 不变时，氢分压越高，氢含量越高，与之相对应的 α 相减少，扩散系数增大，导致平衡所需时间缩短，出现图 2-12 所示的现象。同理，压力不变时，温度升高，扩散系数变大，导致平衡所需时间减少。当渗氢的浓度一定时，渗氢温度越低，所需氢气分压越低，而温度低时，扩散系数变小，导致平衡所需时间越长。

另外，作者等[107]利用高温流动渗氢法对 TB8 钛合金进行了置氢实验，研究了置氢工艺参数对 TB8 钛合金置氢量的影响规律，揭示了 TB8 钛合金的置氢特性，并且由扩散理论分析氢在 TB8 钛合金中的扩散路径，为钛合金中的氢含量的精确控制提供理论基础。

2.5.4　氢气流速对 TB8 钛合金氢含量的影响

为了研究氢气流速对 TB8 合金氢含量的影响，将试样在 700℃ 渗氢，保温 1h，每次试验炉管内通以不同流速的氢气，实验结果如图 2-13 所示。实验发现在渗氢温度和保温时间不变的情况下，炉管内氢气流速增大，合金的氢含量增加，但只能达到恒定最大值 0.68%，这个值为合金在渗氢温度 700℃ 的饱和氢含量，即氢气流速对 TB8 钛合金置氢量的整体影响趋势是，随着氢气流速的增大，其置氢量逐渐增加而后趋于平衡，这与韩潇[95]的研究结果相一致。但在氢气流速为 50L/h 时，氢含量略有下降，这是由氢气压力波动频繁造成流量不稳引起的，属于实验误差。氢气流速与氢含量的这种变化规律是因为在一定温度下，氢气流速增大，单位时间内经过炉管内的氢气含量增加，向合金试样表面扩散的氢分子增多，氢分子在试样表面的物理吸附、分解和化学吸附的概率增加，使得相同时间内钛合金的吸氢量增加，达到饱和所需的时间缩短，直至氢气流速达到某一临界值后试样表面均被氢分子占满，氢含量不再增加而是逐渐趋于平衡。

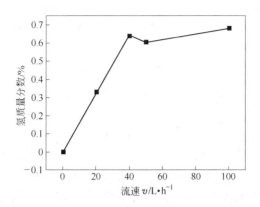

图 2-13 TB8 钛合金氢含量与氢气流速的关系

另外，由于物理吸附为放热反应，故温度升高，物理吸附量下降，因此物理吸附只有在温度较低时才变得明显，而化学吸附虽然也属于放热反应，但反应热较大，故反应速度小，在低温时往往达不到平衡状态，而升高温度反而可使反应速度加快，使吸附量增大，因此在 700℃ 保温时还是以化学吸附为主。

2.5.5 置氢温度对 TB8 钛合金氢含量的影响

图 2-14 所示为 TB8 钛合金氢含量与置氢温度的关系曲线。在常温、常压下钛与氢一般不发生反应，但是在氢气氛中，如提高温度，

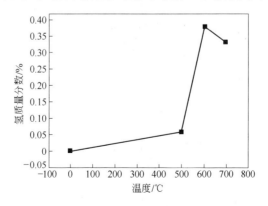

图 2-14 TB8 钛合金氢含量与置氢温度的关系

氢就会被钛吸收。由于这一温度意味着打开晶格，所以，把它称为"打开温度"[108]。由图2-14可看出，当置氢温度为500℃时，试样开始有少量的吸氢，则500℃可认为是TB8钛合金的"打开温度"，因此要想获得一定氢含量的钛合金，应在置氢温度高于或等于500℃时置氢；当置氢温度达到600℃时，合金的置氢能力急剧增大，吸氢量达到峰值，这是因为温度升高，氢由物理吸附向化学吸附转变，氢的活性随温度的升高而增大，化学吸附量也增大，扩散在钛合金中的氢原子存在于钛原子的间隙中并形成固溶体。温度越高，氢在金属合金中的扩散系数越大，所需的扩散激活能越小，氢在合金中越容易扩散，固溶时间也越短。因此，当置氢温度升高到一定温度后，合金中的氢含量迅速增加。而在置氢量达到峰值后，氢含量随着温度的升高反而降低，根据（希乌尔）(Sievert's) 定律（见式(1-1)），由于钛合金置氢是放热反应，氢在合金中的溶解热 ΔH 取负值。因此，式(1-1) 表明合金中的氢含量与温度成反比，即在氢气平衡分压不变的情况下，温度越高，钛吸收的氢含量越小。所以，在置氢量达到峰值后，TB8钛合金的氢含量随着温度的升高而下降。

由上述分析结果可知，TB8钛合金在600℃具有最快的置氢效率，即在相同保温时间和相同氢气流量的置氢条件下，能获得最大含量的氢，然而氢在钛合金中的溶解度是与温度成正比的，因此，极易造成吸收的氢含量大于氢在此温度的溶解度，在合金内部形成氢化物，产生氢脆。我们在实验过程中也发现在温度600℃、流速50L/h、保温30min时，制得的试样已开裂，所以，为能得到合格的置氢试样及考虑置氢效率，置氢温度选择700℃。

2.5.6 置氢时间对TB8钛合金氢含量的影响

TB8合金在氢气流速为20L/h、置氢温度为700℃进行氢处理时，得到的保温时间与氢含量的关系曲线如图2-15所示。随着保温时间的增加，氢含量逐渐增加，但是增加的速率减缓。在钛氢化初期，由于钛与氢的反应，在实验过程中观察到钛表面形成一层灰色的氢化物层，随着时间的增加，氢化物层厚度增加会阻碍氢的吸收。因此，最终的氢含量将在某一时间点达到饱和。

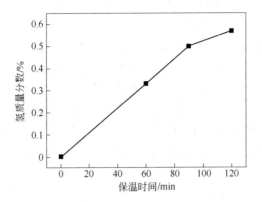

图 2-15 TB8 钛合金氢含量与保温时间的关系

氢在钛合金中的扩散属于非稳态扩散，即合金中各点的浓度与时间有关，这适用于 Fick 第二定律。为预测达到氢饱和的时间，假设氢的扩散速度是由浓度控制，用平均氢含量代替界面氢含量[109]，则有：

$$\frac{\mathrm{d}C_{\mathrm{H}}(t)}{\mathrm{d}t} = k\left[\gamma C - C_{\mathrm{H}}(t)\right] \tag{2-9}$$

式中，C_{H} 为氢在钛合金中的浓度；t 为时间；k 为浓度扩散常数；C 为环境氢浓度；γ 为界面浓度等效系数。

此微分方程的解为：

$$C_{\mathrm{H}}(t) = \gamma C\left[1 - \exp(-kt)\right] \tag{2-10}$$

在此认为氢含量与渗氢时间的关系遵从指数衰减规律：

$$C_{\mathrm{H}}(t) = A_0 - A_1 \exp\left(-\frac{t}{\alpha}\right) \tag{2-11}$$

式中，A_0、A_1 为与氢气分压、流速和渗氢温度有关的常数；α 为与材料组织结构有关的常数。

根据式（2-11）将实验数据拟合及修正后，有：

$$C_{\mathrm{H}}(t) = 0.619 - 0.619\exp\left(-\frac{t}{40}\right) \tag{2-12}$$

　　由式（2-12）预测的 700℃ 氢化条件下，TB8 合金氢含量与保温时间变化趋势如图 2-16 所示。拟合曲线与已有的实验数据点吻合得较好，说明该式能够较准确地反映实际的变化情况。式（2-12）为一指数函数，最大值无限趋近于 0.619%，即为温度 700℃、流速 20L/h 条件下的饱和氢含量。由拟合曲线可知，当置氢时间达到 150min 时，氢含量已趋于饱和。因此，在实际确定置氢时间时应在 150min 之内，大于 150min 钛氢反应基本达到平衡，氢含量不再增加，此时若继续提高氢含量，只有改变其他的置氢工艺参数反应才会继续进行。

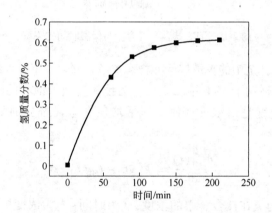

图 2-16　TB8 合金氢含量与置氢时间关系的拟合曲线图

2.5.7　TB8 钛合金置氢时氢的扩散路径

　　扩散理论表明[110]：当气体向固体物质中扩散时，在固体物质的表面、晶界或位错核心区等缺陷密度较高的区域，气体质点的扩散系数高，故气体优先通过这些区域，称为短路扩散；体扩散（即晶格扩散）所需的扩散活化能较高，如气体沿晶界扩散时的自扩散活化能只有体扩散活化能的 0.4～0.6 倍，一般只有在较高温度下才能进行体扩散。本节采用高温气相充氢法，即氢在较高温度下进行扩散，因而氢在 TB8 合金中的扩散过程包括短路扩散和体扩散。

　　本节均在相变点温度以下置氢，TB8 合金在开始吸氢时的组织主

要是由 α 相和 β 相组成，存在着大量的晶界、相界以及位错等晶体缺陷。氢气分子首先分解成氢原子并且撞击合金的表面，然后向 TB8合金的内部扩散，优先在相界和晶界等缺陷处短路扩散，使这两处的氢浓度在短时间内达到饱和；随后在浓度差的驱动下，氢继续向合金内部的晶体缺陷处扩散，以使氢原子分布均匀，同时由于在高温时 α 相和 β 相均能吸氢，扩散到晶粒内晶界上的氢原子也向 α 相和 β 相的晶格间隙位置扩散，以完成体扩散，在氢含量超过固溶度后即从合金中析出 TiH$_x$ 氢化物。

根据 TB8合金的吸氢特性及相结构，总结氢在 TB8合金中的扩散路径为：

（1）氢通过 α 相和 β 相的晶界和相界快速扩散；

（2）晶界和相界处氢饱和后，一部分氢原子沿着晶界继续向合金内部扩散，同时，另一部分向晶粒内部的间隙位置扩散。

图 2-17 所示为氢在 TB8合金中扩散路径的示意图。

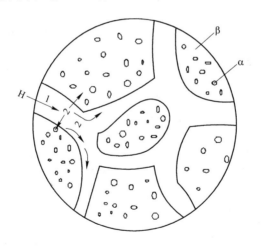

图 2-17　氢在 TB8 合金中扩散路径示意图

2.6　置氢动力学与氢分布规律研究

北京航空制造工程研究所的王耀奇等[105]通过 Ti-6Al-4V 合金750℃条件下的置氢实验，分析了置氢过程的动力学规律，利用光学金相显微镜和二次离子质谱仪研究了保温时间对氢分布规律的影响。

2.6.1 动力学方程

钛合金置氢反应的动力学方程可以表达为:

$$\frac{d\alpha}{dt} = kf(\alpha) \tag{2-13}$$

式中,α 为反应分数;t 为反应时间;k 为反应速率常数;$f(\alpha)$ 为微分形式的反应机制函数。对式(2-13)积分可得:

$$g(\alpha) = \int \frac{d\alpha}{f(\alpha)} = kt \tag{2-14}$$

式中,$g(\alpha)$ 为积分形式的反应机制函数。

置氢反应过程中反应分数可以表示为:

$$\alpha = \frac{p_i - p}{p_i - p_e} \tag{2-15}$$

式中,p_i 为初始氢压;p_e 为平衡氢压;p 为 t 时刻的氢压。

2.6.2 动力学机制

置氢动力学反应曲线如图 2-18 所示。结果显示,反应分数与时间呈抛物线变化趋势,说明 750℃ 条件下 Ti-6Al-4V 合金置氢过程无

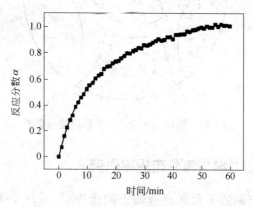

图 2-18　置氢动力学反应曲线[105]

明显的诱导期，合金一旦与氢接触，即刻发生反应，并且反应速率达到最大值，随着反应的进行，反应速率呈单调下降趋势，直至反应结束。应用式（2-13）对反应机制函数进行线性拟合，取相关系数最大、标准偏差最小的方程作为置氢反应的动力学机制函数。置氢反应动力学遵循二维扩散机制，满足 Valensi 方程 $g(\alpha) = \alpha + (1-\alpha)\ln(1-\alpha)$，如图 2-19 所示，相关系数 $R = 0.996$，标准偏差 SD $= 0.02732$，其反应速率常数为 $k_\alpha = 0.01769\,\mathrm{s}^{-1}$，因此氢沿着试样的径向方向的二维扩散是置氢反应的控制步骤。

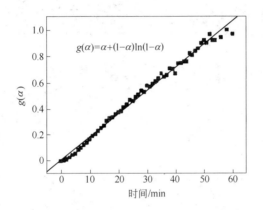

图 2-19 置氢动力学反应机制[105]

2.6.3 氢分布规律研究

2.6.3.1 光学金相分析

不同保温时间下，Ti-6Al-4V 合金截面的微观组织如图 2-20 所示。结果显示：置氢保温 15min 后，中心区域组织和原始母材接近，为片状 α+β，从中心到边缘组织变化显著，试样的边缘组织由白色 α 相与黑色 β 相构成，β 相比例明显增多；置氢保温 30min 后，中心区域与边缘的组织差异性依然存在。图 2-20a（2）中 α 相与 β 相界面变得模糊不清，这是由于置氢过程中，当氢含量达到一定数值时，氢的加入降低了 α 相与 β 相的电位差，金相侵蚀过程中，α 相与 β 相侵蚀程度相同所致。随着保温时间的增加，这种组织差异性逐渐降

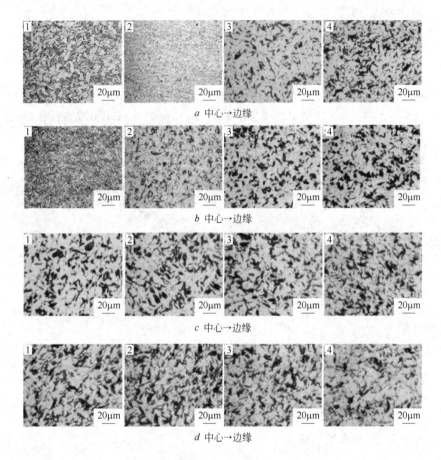

图 2-20 不同保温时间下截面微观组织[105]

a—15min；b—30min；c—60min；d—120min

低，保温 60min 和 120min 后，中心区域与边缘组织基本一致，说明氢在试样中已经达到了均匀分布。

2.6.3.2 二次离子质谱检测

不同保温时间下，Ti-6Al-4V 合金截面的氢离子强度分布如图 2-21所示。研究表明，氢离子强度在截面上的分布随保温时间变化呈现出明显的差异性。保温时间 $t = 15min$ 时，试样的中心区域离子强度明显低于试样的边缘；保温时间 $t = 30min$ 时，试样中心区域强度略低于试样边缘；保温时间 $t = 60min$ 和 $t = 120min$ 时，氢离子强度在试样截面的分布基本呈直线分布，说明氢已经均匀分布在试样中，与微观组织的分析结果一致。

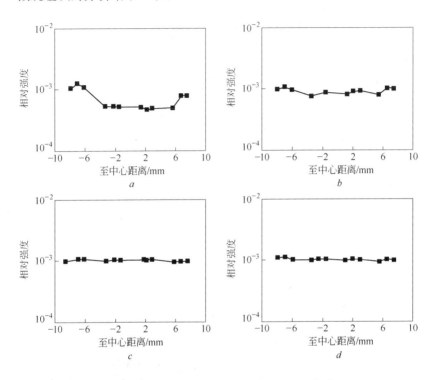

图 2-21　不同保温时间下截面氢离子强度[105]

a—15min；b—30min；c—60min；d—120min

微观组织观察与二次离子质谱检测表明，保温时间小于 60min 时，试样处于非平衡区，氢在试样中为非均匀分布，保温时间大于 60min 时，试样处于平衡区，氢均匀分布在试样中。可见，试样中氢的分布状态与炉内的氢压有关，实验过程中氢压一旦趋于稳定，进入平衡区，即可以认定氢在试样中的分布是均匀的。

动力学研究显示，Ti-6Al-4V 合金的置氢反应由氢在试样径向方向的二维扩散所控制，在置氢温度一定的条件下，浓度梯度是氢在试样中扩散的驱动力，氢压稳定以后，氢在试样内部的扩散行为停止，间接表明试样内部已不存在浓度梯度。可见，氢分布与氢压的相关性是由置氢过程的动力学特性决定的。

2.6.3.3 定量的除氢法

北京航空制造工程研究所的姜波等[96]除了利用金相法外，还利用定量的除氢法研究了置氢温度和保温时间对 TA15 钛合金中氢分布规律的影响规律。

图 2-22 所示为采用除氢法确定的保温时间对 TA15 钛合金氢分布规律的影响。分析表明，保温 15min，钛合金边部的氢含量为 0.697%，心部氢含量急剧下降，几乎接近 0，主要是由于保温时间短，氢元素没有足够时间扩散；保温 30min 时，随着时间的延长，边部氢含量略有下降，部分氢元素扩散到了合金心部，合金内部的氢含量升高。随着保温时间的继续延长，合金边缘的氢含量渐渐降低，内部的氢含量渐渐升高，到达 120min 时，合金氢含量基本趋于一致，达到平衡。

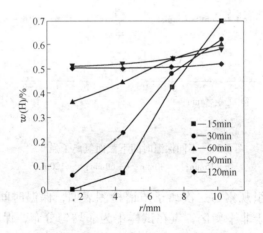

图 2-22 保温时间对 TA15 氢分布规律的影响[96]

图 2-23 所示为应用除氢法确定的合金内部氢含量的变化曲线。结果表明，置氢温度为 700℃时，合金边缘氢含量较高，心部氢含量较低，存在浓度梯度。随着置氢温度的升高，钛合金边缘氢含量逐渐降低，心部氢含量逐渐升高，温度达到 800℃以上时，趋于平衡。这

是由于随着温度的升高，氢在 TA15 钛合金中的扩散系数增大，扩散速度加快，使组织达到均匀的时间缩短。因此，在相同的时间下，置氢温度高的钛合金中的氢含量先达到平衡。

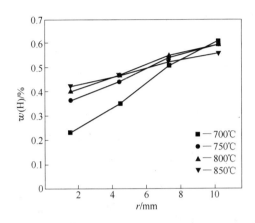

图 2-23 置氢温度对 TA15 钛合金氢分布规律的影响[96]

2.7 热氢处理的基本工艺

根据氢在钛中的特性以及 THP 的基本效应，Ilyin[32,43] 提出了钛合金 THP 的 5 种可能方式，见图 2-24。每种方式均以控制含氢钛合金的一个或几个相转变为基础。

THP-1：基于氢化 β 相冷却及在随后真空退火中无热分解。根据合金类型不同，在亚临界速度下冷却时，β 相分解可产生 β→α + β 或 β→α + γ（氢化物），在随后的真空退火中，产生 β→α。THP 温度和速度的选择，应最大限度细化组织，避免在渗氢和真空退火中 β 晶粒长大，因为是无热相变，可使组织不均匀。

THP-2：基于固定最大量的亚稳 β 相（以接近于 v_{cr}^0 的速度冷却，产生马氏体转变），并且接着在大气或真空中进行时效，最后进行真空退火。最终合金为细小均匀的组织，甚至单相 α 合金也能产生这种组织。

THP-3：要求 β 相共析分解反复进行（热循环），以产生大量晶

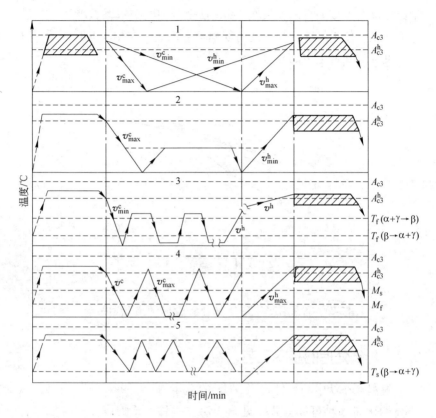

图 2-24　THP 的基本工艺

格缺陷，增加不均匀分解和再结晶组织，且最大的氢含量（1%）和最小的冷速。

　　THP-4：基于反复的 β ⇌ α′ 马氏体转变，产生大量的晶格缺陷，增强亚稳相的不均匀分解或再结晶。因此，氢含量选择为：最大限度降低 A_{c3}^h 和 M_s，避免 β ⇌ α″ 马氏体转变以防产生孪晶马氏体；冷却速度选择为临界冷速。

　　THP-5：基于反复的 β ⇌ α 转变，加热温度、加热速度和冷却速度应能产生马氏体析出和新析出相的扩散长大。

3 置氢钛合金的微观组织

3.1 引言

合金的微观组织是决定其力学性能的重要因素。氢渗入到钛合金中，会改变其内部的微观组织形貌和结构，进而对其力学性能产生重要的影响。热氢处理技术可以改善钛合金的室温塑性、高温塑性和超塑性等加工性能，降低钛合金的加工成本。因此，有必要研究氢对钛合金微观组织的影响，为揭示氢对钛合金室温性能、高温性能和超塑性等的影响机理，并制定合理的塑性加工条件提供理论依据。

作者利用材料分析技术研究了氢含量对 Ti-6Al-4V 合金微观组织的影响规律及机理，并对置氢 Ti-6Al-4V 合金室温塑性变形过程中微观组织的演变进行研究。

3.2 试验材料

作者所用的试验材料是由北京航空制造工程研究所提供的 Ti-6Al-4V 合金，Ti-6Al-4V 合金棒材的尺寸为 $\phi 4\text{mm} \times 6\text{mm}$，Ti-6Al-4V 合金板材的尺寸为 $200\text{mm} \times 20\text{mm} \times 1\text{mm}$。

Ti-6Al-4V 合金的置氢处理方法是受扩散控制的高温气相充氢法，试验设备为管式氢处理炉。该方法的优点在于可以通过控制充氢系统中氢气的平衡分压精确控制试样中的氢含量。通过测定试样置氢前后的重量来确定试样中的实际氢含量，以质量分数计，试样的重量是用德国生产的 Miro Sartorius 精密电子天平测量的，其精度为 0.00001g，误差在 ±2% 之内。

作者采用两种置氢处理规范对 Ti-6Al-4V 合金进行置氢处理。第一种置氢处理规范（记为 A 规范）为：将试样在 750℃进行置氢，保温 1h，空冷至室温，然后将试样在 850℃进行固溶处理，保温 0.5h，随炉冷至 700℃，进行水淬，见图 3-1。置氢后得到氢含量分别为

0.1%、0.2%、0.3%、0.4%和0.5%的试样。将由 A 规范得到的不同氢含量的合金记为 A 组 Ti-6Al-4V-xH 合金。

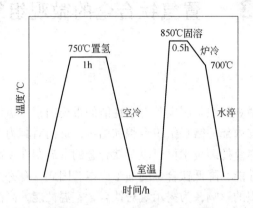

图 3-1　Ti-6Al-4V 合金的 A 置氢规范

Ti-6Al-4V 合金的第二种置氢处理规范（记为 B 规范）如表 3-1 所示，固溶温度是根据含氢试样的相变点确定的。将由 B 规范得到的不同氢含量的合金记为 B 组 Ti-6Al-4V-xH 合金。

表 3-1　Ti-6Al-4V 合金的 B 置氢规范

$w(\text{H})/\%$	置氢温度 /℃	保温时间 /h	冷却方式	固溶温度 /℃	保温时间 /h	冷却方式
0.2	750	2	空冷	900	0.5	水淬
0.3	750	2	空冷	850	0.5	水淬
0.4	750	2	空冷	850	0.5	水淬
0.5	750	2	空冷	830	0.5	水淬
0.6	750	2	空冷	815	0.5	水淬
0.7	750	2	空冷	815	0.5	水淬
0.8	750	2	空冷	810	0.5	水淬
0.9	750	2	空冷	810	0.5	水淬
1.0	750	2	空冷	810	0.5	水淬
1.1	750	2	空冷	810	0.5	水淬
1.2	750	2	空冷	810	0.5	水淬
1.4	750	2	空冷	810	0.5	水淬

另外，作者等也研究了氢对 β 型 TB8 钛合金组织的影响，合金的相变点约为 815℃，TB8 钛合金初始组织如图 3-2 所示。由图可知，原始组织为双态组织，在等轴状的 β 基体相上均匀分布着细小质点状的 α 相。置氢试验使用的 TB8 钛合金经线切割为 φ8mm×15mm 的圆柱体，并用同一号砂纸对表面进行打磨，以使试样的表面粗糙度基本一致，同时还可提高渗氢效率。TB8 钛合金的置氢方法为流动渗氢法。首先以 15℃/min 的升温速率使管式电阻炉升温至置氢温度，把准备好的试样放入自制的置氢管中内，通高纯氩 15min，以排除管中空气，然后将管子推入管式炉中，待置氢管温度稳定至置氢温度后，通入一定流量的氢气（纯度为 99.999%），保温 30~120min，然后将管子从炉膛中抽出，关闭氢气，使试样在氩气氛中冷至 100℃ 以下，取出试样。采用称重法确定合金中的氢含量。具体的渗氢工艺如表 3-2 所示。

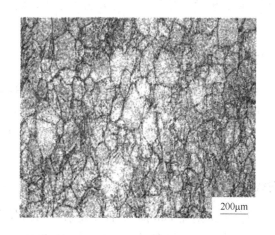

200μm

图 3-2　TB8 合金原始棒料组织

表 3-2　TB8 合金渗氢工艺

	流速/L·h⁻¹	0	20	30	40	50	100
受氢气流速的影响	温度/℃			700			
	时间/min			60			
	压力/MPa			0.1			

	温度/℃	500	600	700
受置氢温度的影响	流速/L·h^{-1}		20	
	时间/min		60	
	压力/MPa		0.1	
受置氢时间的影响	时间/min	60	90	120
	温度/℃		700	
	流速/L·h^{-1}		20	
	压力/MPa		0.1	

3.3 组织分析方法

作者利用金相显微镜、X 射线衍射仪、扫描电子显微镜以及透射电子显微镜等材料分析设备对合金的微观组织结构及成分进行观察和分析。

3.3.1 组织观察

金相试样经切割、镶嵌、研磨和抛光后，在混合酸体积溶液（氢氟酸∶浓硝酸∶水 =1∶1∶8）中进行腐蚀处理，试样的光学显微组织观察是在 Olympus BHM-2UM 型光学显微镜（optical microscope，OM）上进行的。

3.3.2 X 射线衍射仪

合金的相成分分析是在 Philips X'pert X 射线衍射仪（X-ray diffraction，XRD）上进行的。试验条件：加速电压为 40kV，工作电流为 40mA，扫描速度为 3°/min，Cukα，λ 为 0.15405nm。

3.3.3 扫描电子显微镜

利用 Hitachi S-570 型扫描电子显微镜（scanning electron microscope，SEM）观察试样的微观组织形貌以及断口形貌。

利用 Hitachi S-4700 型扫描电子显微镜及其自带的能谱分析仪对

合金的微观组织形貌及微区成分进行观察和分析。试样的制备方法与光学组织观察方法相同。

3.3.4　电子背散射衍射

利用电子背散射衍射（electron back-scatter diffraction，EBSD）分析试样中的相含量。试验要求试样的表面无应力层和氧化层，无连续的腐蚀坑，表面起伏不能过大，表面清洁无污染。试样的制备过程：采用与金相试样相同的方法研磨试样，然后电解抛光（采用铜作为阴极，电解液成分（体积分数）为：高氯酸：冰乙酸 = 1：10。

3.3.5　透射电子显微镜

透射电镜（transmission electron microscope，TEM）观察是在 Philips CM-12 型透射电子显微镜上完成的，加速电压为 120kV。试样的制备过程是：将试样线切割至 0.5mm，然后机械磨制到 100μm，冲成 ϕ3mm 的小圆片，然后在 Gatan 离子减薄仪上进行双喷电解抛光减薄，电解液成分为 6% 的高氯酸 + 34% 的正丁醇 + 60% 的甲醇（体积分数），采用液氮冷却，温度为 -25 ~ -30℃。减薄工艺参数：电压为 6kV，电流为 0.2mA，入射角为 10° ~ 15°。

3.4　氢含量对 Ti-6Al-4V 合金微观组织结构的影响

利用 OM、XRD、EBSD、SEM 和 TEM 等材料分析技术对两组 Ti-6Al-4V-xH合金的微观组织进行观察和分析，以揭示氢含量对 Ti-6Al-4V合金微观组织结构的影响。由于置氢合金板材和棒材的微观组织演变规律相似，所以，作者主要以 Ti-6Al-4V-xH 合金棒材为例介绍氢对 Ti-6Al-4V 合金微观组织结构的影响，并分析其演变机理。

3.4.1　微观组织分析

A 组 Ti-6Al-4V-xH 合金的微观组织照片如图 3-3 所示。从图 3-3 可以看出，未置氢时，Ti-6Al-4V 合金由 α 相和 β 相组成。对未置氢合金进行了能谱分析，可知，图 3-3b 中黑色的区域是 α 相，其化学成分（质量分数）为 91.86% Ti、6.16% Al 以及 1.98% V；白色的区

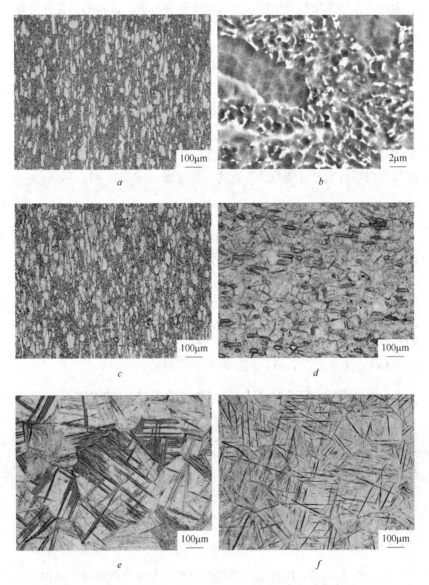

图 3-3　A 组 Ti-6Al-4V-xH 合金棒材的微观组织

a—0.0H, OM；b—0.0H, SEM；c—0.1H, OM；
d—0.2H, OM；e—0.3H, OM；f—0.5H, OM

域是 β 相，其化学成分（质量分数）为 88.28% Ti、6.91% Al 以及 4.81% V。经置氢处理后，氢渗入到合金中，但是当氢含量较低时，氢完全固溶到合金中，没有引起组织的明显变化，如置氢 0.1% 时合金的组织变化不明显。随着氢含量的增加，逐渐出现针状的马氏体组织，当置氢 0.2% 时，由于氢含量的增加使 β 相转变温度降低，氢处理后发现针状的马氏体组织，但此时仍然可以发现等轴组织。随着氢含量的进一步增加，使 β 相转变温度进一步降低，马氏体数量逐渐增多，且马氏体组织逐渐变细。置氢合金中的马氏体组织是由密排六方结构的 α′ 马氏体和斜方结构的 α″ 组成的混合物，这也可以由下面的 XRD 试验结果看出。当合金中的氢含量小于或等于 0.2% 时，合金中可以观察到等轴组织，说明此时试样的置氢温度低于合金的 β 相转变温度。当试样的氢含量大于 0.2% 时，合金中观察不到等轴组织，说明此时试样的置氢温度高于合金的 β 相转变温度。试验结果表明氢降低了合金的 β 相转变温度。

B 组 Ti-6Al-4V-xH 合金的微观组织照片如图 3-4 所示。从图中

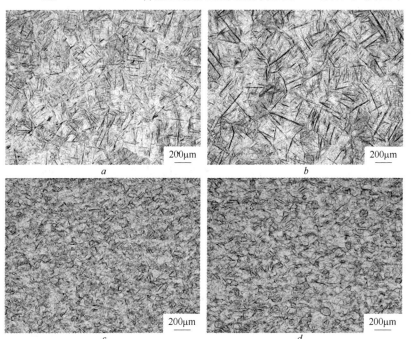

a

b

c

d

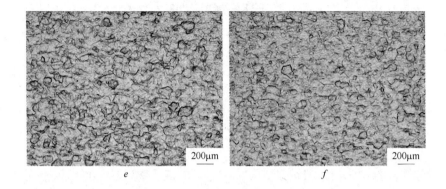

e　　　　　　　　　　　　　　　　　　　f

图 3-4　B 组 Ti-6Al-4V-xH 合金的金相照片
a—0.2H；b—0.4H；c—0.6H；
d—0.8H；e—1.0H；f—1.2H

可以看出，置氢合金中均发现针状的马氏体组织，这是因为合金的淬火温度均在其 β 相转变温度以上。当氢含量低于 0.6% 时，马氏体组织较粗大；当氢含量为 0.6% ~0.8% 时，合金的马氏体组织较细小；当氢含量大于 0.8% 时，可以看到晶粒逐渐变大。

3.4.2　X 射线衍射结果分析

对 Ti-6Al-4V-xH 合金进行 X 射线衍射分析，以测定材料的相组成，XRD 试验结果如图 3-5 和图 3-6 所示。从图中可以看出，未置氢

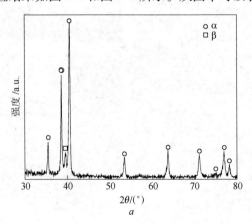

a

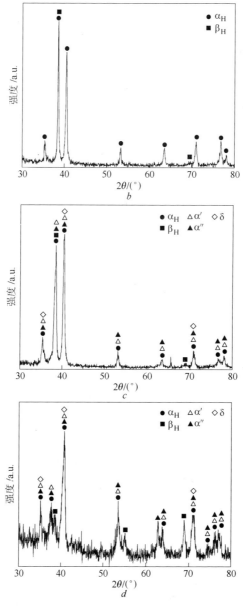

图 3-5　A 组 Ti-6Al-4V-xH 合金的 X 射线衍射图

a—0.0H；b—0.1H；c—0.3H；d—0.5H

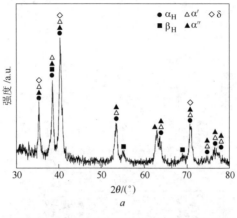

a

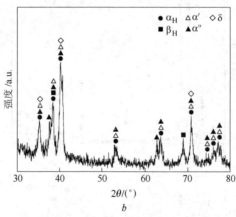

b

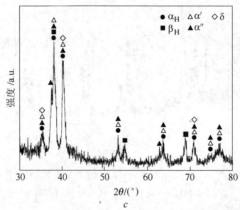

c

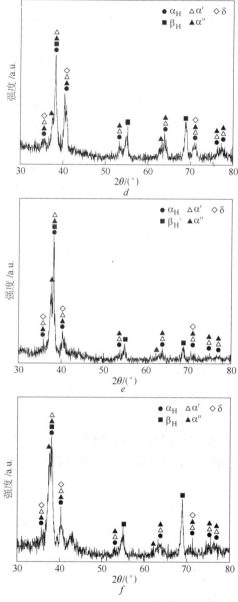

图 3-6　B 组 Ti-6Al-4V-xH 合金的 X 射线衍射图
a—0.2H；b—0.4H；c—0.6H；
d—0.8H；e—1.0H；f—1.2H

Ti-6Al-4V 合金由 α 相和 β 相组成。置氢后，Ti-6Al-4V-xH 合金的 XRD 谱线发生以下明显变化：

（1）置氢后发现 δ 氢化物的衍射峰，该氢化物的化学成分为 TiH$_{1.5}$ ~ TiH$_2$，晶格常数为 0.444nm；该氢化物具有与面心立方 CaF$_2$ 相似的晶体结构，钛原子占据面心立方晶格结点位置，氢原子随机分布在四面体间隙位置[18]。

（2）置氢后发现六方结构的 α′马氏体和斜方结构 α″马氏体的衍射峰，且随氢含量的增加，α″马氏体的衍射峰逐渐增强，说明合金中的 α″马氏体的含量逐渐增加。这是因为 β 相从高温淬火时会发生 β→α′和 β→α″转变，当 β 相稳定性较差时会发生 β→α′转变，而当 β 相稳定性较高时会发生 β→α″转变。由于氢是 β 相稳定元素，氢含量的增加增强了 β 相的稳定性，进而导致斜方结构 α″马氏体含量的增加。Qazi[58]、Fang[94] 以及 Niinomi[66] 等的研究也表明，在含有大量 β 相稳定元素的 α + β 型钛合金中容易生成斜方结构的 α″马氏体组织。

（3）置氢后发现 α 相的衍射峰有宽化的现象。宽化的原因有两个：一是由于 δ 氢化物和 α 相的部分衍射峰重叠所致；二是从合金中析出了与 α 相晶体结构相同的 α′马氏体，但两相成分有所变化，因此两相晶格参数略有区别[18,67]。

（4）衍射峰向低角度偏移。这是因为 α 相和 β 相吸氢后在氢原子间隙周围产生晶格膨胀，导致晶格常数增大，从而降低了衍射角，使衍射峰向低角度偏移[66,67]。

（5）随氢含量增加，β 相的衍射峰逐渐增强，说明合金中 β 相的含量逐渐增加。这是因为氢是 β 相稳定元素，是 α 相的不稳定元素，可以使 β 相转变温度降低，从而使 β 相的含量增加。置氢合金中 β 相含量的增加可以由 EBSD 试验结果更加直观清晰地反映出来，如图3-7所示。未置氢时，合金中 β 相的含量为 8.37%。而当氢含量增至 0.5% 时，合金中 β 相含量增至 89%。可见，氢对 Ti-6Al-4V 合金中 β 相的稳定作用是很明显的。

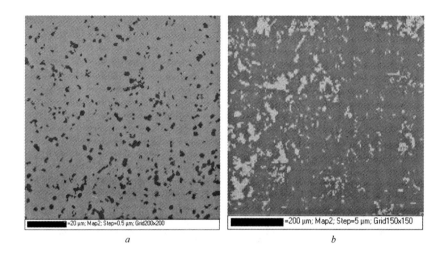

=20 μm; Map2; Step=0.5 μm; Grid200x200

a

=200 μm; Map2; Step=5 μm; Grid150x150

b

图 3-7　氢对 A 组 Ti-6Al-4V-*x*H 合金相含量的影响

（红色为 α 相，蓝色为 β 相）

a—0.0H；*b*—0.5H

3.4.3　透射电镜结果分析

置氢 Ti-6Al-4V 合金中更细微的组织变化可以由 TEM 分析确定。作者对 Ti-6Al-4V-*x*H 合金进行了 TEM 观察，发现在置氢合金中存在面心立方结构的 δ 氢化物。置氢合金中氢化物的形貌及其选区电子衍射照片如图 3-8 和图 3-9 所示。可以看出，氢化物呈平行排列的层片

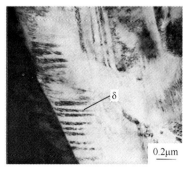

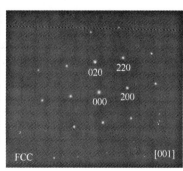

a

b

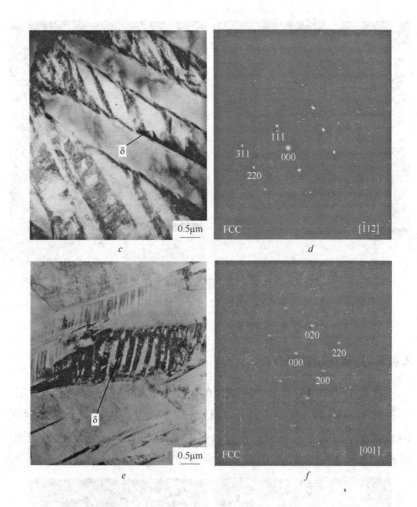

图 3-8 A 组 Ti-6Al-4V-xH 合金的 TEM 照片

a, b—Ti-6Al-4V-0.2H 合金的氢化物形貌及其衍射斑点;

c, d—Ti-6Al-4V-0.3H 合金的氢化物形貌及其衍射斑点;

e, f—Ti-6Al-4V-0.5H 合金的氢化物形貌及其衍射斑点

状分布, 而且优先从晶界或相界处析出。随着氢含量的增加, 氢化物的含量逐渐增多, 逐渐向基体中扩展。通过对氢化物对应衍射斑点的计算可知, 氢化物是面心立方结构的 δ 氢化物。

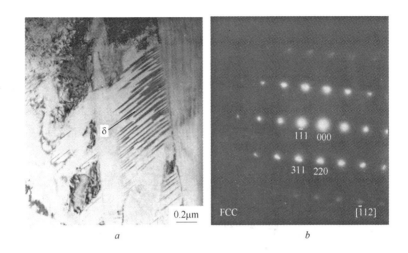

图 3-9　B 组 Ti-6Al-4V-1.2H 合金的 TEM 照片

a—氢化物；*b*—衍射斑点

　　氢化物优先沿晶界或相界析出的原因是：钛合金的置氢处理是通过氢原子的扩散实现的，氢是原子半径最小的元素，在钛合金中具有很强的扩散能力。氢在钛合金的扩散过程中，在置氢温度下，氢气分子首先分解成氢原子并且撞击试样的表面。由于在晶界或相界处存在大量的缺陷，能量较高，为氢原子的扩散提供了通道。所以，氢原子优先在晶界或相界处短程扩散，使晶界或相界处的氢浓度在短时间内达到饱和。然后，氢原子沿晶界或相界处通过晶格向晶内扩散。所以，晶界或相界处氢原子的浓度较高[111]，容易满足氢化物形核所需的成分起伏和能量起伏等条件，当氢含量超过其饱和固溶度时，氢就与钛结合生成钛氢化物。因此，氢化物优先沿晶界或相界析出，随氢含量的进一步增加，氢化物逐渐向内部扩展。

　　图 3-10 为 Ti-6Al-4V-*x*H 合金的 TEM 照片。可知，置氢后合金的组织形态发生变化，由等轴状组织转变为条状组织。并且置氢后合金中的位错密度增加，表明氢可以促进位错的增殖。这是因为置氢合金中析出的氢化物与基体的错配度较大，造成体积的膨胀，因而在氢化物周围基体中出现大量的位错。

 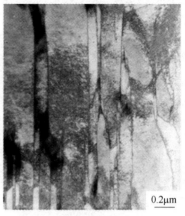

0.2μm   0.2μm

a   b

图3-10　Ti-6Al-4V-xH 合金 TEM 照片

a—0.0H；b—0.5H

3.5　塑性变形过程中置氢 Ti-6Al-4V 合金的微观组织演变

作者利用材料试验机对 Ti-6Al-4V-0.2H 合金进行了不同变形程度的压缩试验，之后利用金相显微镜和透射电子显微镜对 Ti-6Al-4V-0.2H 合金压缩变形后的微观组织进行观察和分析，以研究置氢 Ti-6Al-4V 合金在压缩变形过程中的组织演变规律。

对 A 组 Ti-6Al-4V-0.2H 合金棒材进行不同变形程度的室温压缩试验。压缩试样的尺寸为 $\phi 4mm \times 6mm$，压缩速度为 0.5mm/min，压缩量分别为 8.8%、20.2% 以及 33.7%。不同变形程度 Ti-6Al-4V-0.2H 合金的真实应力应变曲线，如图 3-11 所示。

将 Ti-6Al-4V-0.2H 合金不同压缩变形程度的试样沿轴向剖开，制成金相试样，对其微观组织进行观察，以揭示在压缩变形过程中，置氢合金的变形情况。不同压缩变形量 Ti-6Al-4V-0.2H 合金的金相组织照片如图 3-12 所示。由图可知，Ti-6Al-4V-0.2H 合金压缩变形后，合金的晶粒发生变形，随着变形量的增加，晶粒变形程度略有增加，但没有发现剪切带。

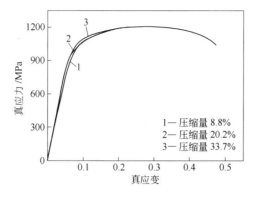

图 3-11　A 组 Ti-6Al-4V-0. 2H 合金在不同压缩
变形程度时的真实应力应变曲线

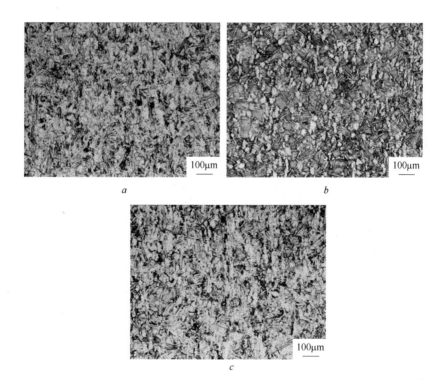

图 3-12　A 组 Ti-6Al-4V-0. 2H 合金压缩变形过程中的金相照片

a—压缩量为 8. 8%；*b*—压缩量为 20. 2%；*c*—压缩量为 33. 7%

将 Ti-6Al-4V-0.2H 合金不同压缩变形程度的试样制成透射试样，对其进行透射电子显微镜观察，如图 3-13 所示。由图可知，不同压缩变形程度的合金中位错密度不同。压缩量为 8.8% 时，合金的位错数量较少，位错密度不高，可以清楚地看到同一滑移面上的单根位错线，说明此时以单系滑移为主。当压缩量增至 20.2% 时，合金的位错密度明显增大，而且出现了两个方向的交叉滑移带，使试样的变形

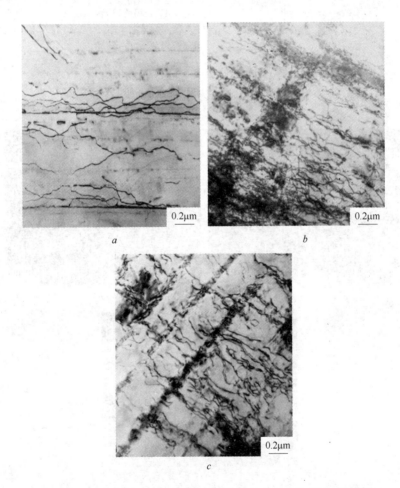

图 3-13　A 组 Ti-6Al-4V-0.2H 合金压缩变形过程中的透射电镜照片

a—压缩量为 8.8%；b—压缩量为 20.2%；c—压缩量为 33.7%

量有所增大。随着外力的增加，使得不同取向的滑移系开动，形成了交叉滑移带。当压缩量进一步增至 33.7%（试样断裂）时，试样的位错密度很高，平面滑移的现象更明显。

3.6　氢含量对 TB8 合金微观组织结构的影响

作者等还利用材料分析技术研究了氢含量、置氢温度和保温时间等对 β 型 TB8 钛合金微观组织的影响，研究了置氢合金的相变点和元素的分布状况，分析了置氢过程中 TB8 钛合金的相变机理，以期为钛合金置氢加工改性机理提供理论依据。

3.6.1　渗氢后的显微组织演变

3.6.1.1　氢含量的影响

通过改变置氢温度或保温时间得到不同氢含量的 TB8 钛合金，除了氢对合金组织的影响外，温度和时间的不同也会影响合金的显微组织、相变及晶粒的大小。为了探讨氢对 TB8 钛合金的显微组织的影响，避免其他因素的干扰，置氢实验在置氢温度 700℃、保温时间 1h 的条件下，通过改变氢气流速来得到不同氢含量的 TB8 钛合金。

为了与置氢时的情况作对比，取一试样在置氢炉中进行与置氢处理相同的热处理操作，只是不充氢，得到氢含量为 0% 的合金。图 3-14 所示为氢含量为 0% 的 TB8 合金显微组织，与 TB8 合金原始试样组织相比，合金的组织均由 β 晶粒和 β 基体上均匀分布的细小麻点状 α 相组成，但晶粒形态及大小发生了改变，原始组织的 β 晶粒为等轴状，而氢含量为 0% 的合金组织的 β 晶粒类似于多边形，并且晶粒在高温下有所长大。由 SEM 图像（图 3-14c）发现在 β 晶界或晶内分布着少量球形或短棒状颗粒，经分析，其为六方结构的硅化物 Ti_5Si_3，这与文献 ［112］ 的结果一致。

TB8 合金充氢后的组织如图 3-15 所示。从图中可以看出，置氢后合金的组织有了显著的变化，β 基体上的点状 α 相随着氢含量的增加而逐渐减少。当氢含量达到 0.68% 时，整个基体基本变为晶界光滑平直的 β 再结晶晶粒。氢含量为 0.33% 时，相比于 0% 的组织，晶界变得不连续，在晶界及晶内析出了更多的黑色物质，结合衍射图谱

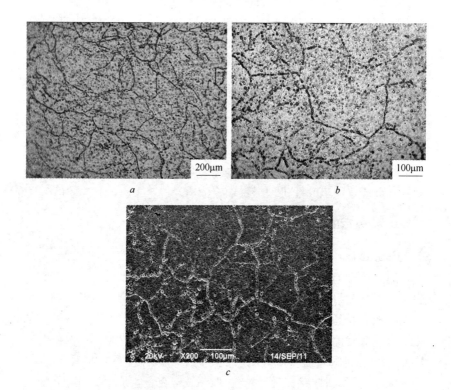

图 3-14 未充氢时 TB8 钛合金的组织

a—0%H, OM, ×100；b—0%H, OM, ×200；c—0%H, SEM

分析，黑色物质应该是 α 相和氢化物的混合物，并且此时的 α 相峰值强度高于 0% 时的 α 相峰值强度，说明在高温时氢的加入确实促进了 $\alpha_H \rightarrow \beta$ 的转变，在随后的冷却过程中有更多的 β 相发生共析转变：$\beta \rightarrow \alpha + \delta$，生成了较多的 α。当充氢至 0.49% 时，晶内的 α 相已基本转变为 β 相，同时氢降低了临界冷却速率[58]，使更多的 β 相保留至室温，由金相组织可看出，只是在晶界处存在有析出的黑色 α 与 δ 的混合组织，在 SEM 更大倍数下观察，晶界处的析出物与晶界呈一定的角度析出。

3.6.1.2 置氢温度的影响

热氢处理时置氢温度是一个重要的参数，不同的温度使得相含

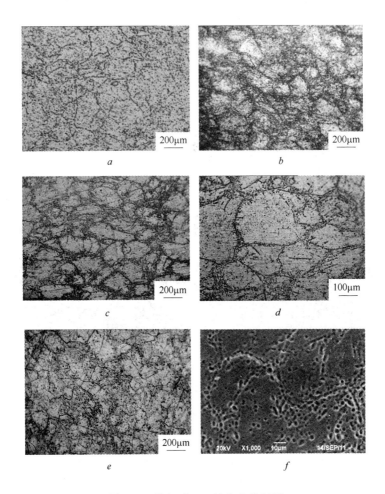

图 3-15 渗氢后 TB8 钛合金的组织
a—0.33%H，OM；b—0.38%H，OM；c—0.49%H，OM；
d—0.57%H，OM；e—0.68%H，OM；f—0.49%H，SEM

量、相结构、形态以及分布都会有所不同。为了探索置氢温度对 TB8 合金显微组织的影响，对不同置氢温度下相同氢含量的组织进行了对比，如图 3-16 所示。经过 600℃ 及 700℃ 置氢得到 0.4%H 后，相对于原始组织都得到了多边形的 β 晶粒，且晶粒大小相近，但析出的 α 相的形态发生了显著的变化；600℃ 时，在晶界及晶内有针片状的 α

相组织，而在700℃，α相则以短棒状析出。这是由于当合金加热至600℃时，离TB8合金的(α+β)/β转变温度815℃较远，此时合金中的α相含量较多，置氢后转变为较多的$β_H$，在随后的冷却过程中有更多的过饱和$β_H$相组织共析分解成次生的针状α和δ氢化物，同时随H元素的溶入，在α相中也析出了少量的初生δ氢化物，初生δ氢化物+共析分解的次生δ氢化物的增多细化了α相，因而使得不同温度下析出的α相形态发生了改变。

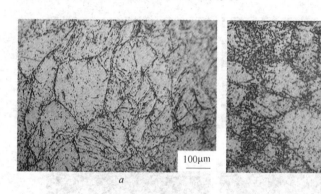

图3-16　温度对TB8合金置氢后组织的影响

a—600℃，0.4%H；b—700℃，0.4%H

3.6.1.3　置氢时间的影响

图3-17所示为固定置氢温度700℃时得到置氢量均为0.6%的TB8钛合金的显微组织随置氢时间变化的情况。由图可看出，随着置氢时间的增加，晶界变得清晰，组织分布均匀，这是由于氢原子在压力差的推动下，通过晶格间隙扩散逐渐渗入晶粒内部，在置氢时间增加，氢正压保持了一定时间后，最终氢在钛及钛合金中达到均匀分布，使得组织的分布更均匀；但随着氢元素的溶入在晶界处沉淀出氢化物阻碍了晶粒的长大，因而随置氢时间的增加晶粒尺寸未有变化。置氢1h后，α相由细小的黑白相间的物相构成，这是由于H元素首先在晶界处聚集使其内部生成了细小的氢化物所致，氢化物析出伴随的体积效应导致α相内产生位错。α相呈现出有析出物和高应变的复杂组织，与β相的相对化学电位发生变化，由不易腐蚀转变为易腐

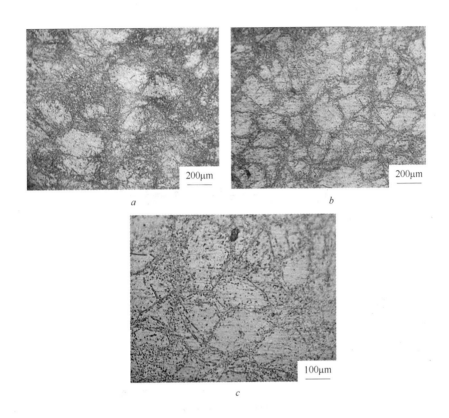

图 3-17 时间对置氢后组织的影响

a—700℃/1h, 0.6%H；b—700℃/2h, 0.6%H，×100；

c—700℃/2h, 0.6%H，×200

蚀，两相的光学衬度减小，宏观表现上为置氢 1h 后的 α 相颜色较黑。

3.6.2 渗氢后的相成分分析

3.6.2.1 氢含量的影响

利用 XRD 对置氢处理不同氢含量的试样进行物相分析，结果如图 3-18 所示。由图可看出，在氢含量为 0% 的 TB8 合金的 XRD 图谱中，除了有 α 相和 β 相的衍射峰外，还发现有微弱的氢化物 γ-TiH

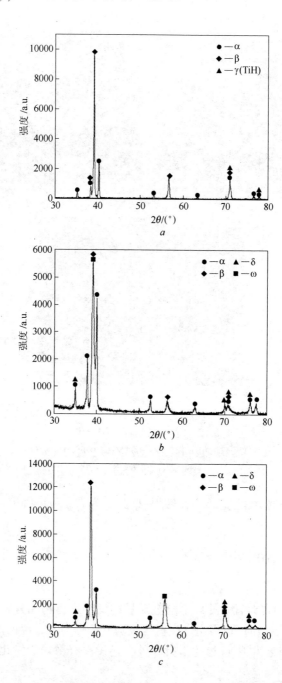

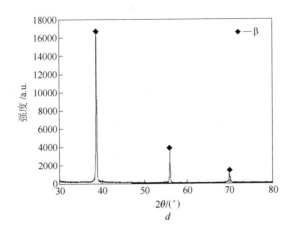

图 3-18 不同氢含量 TB8 合金 XRD 图谱

a—0%H；b—0.33%H；c—0.64%H；d—0.68%H

相的衍射峰。γ 相是由于 TB8 合金本身就含有的少量氢在冷却时从组织中析出。

置氢后，随着氢含量的增加，TB8 合金中 β 相的衍射峰值逐渐增强，表明 β 相的含量逐渐增加，与显微组织的变化一致。氢含量为 0.33% 时，合金中出现了面心立方结构的 δ 氢化物的衍射峰，δ 氢化物和 α 相的部分衍射峰重叠使得 α 相的衍射峰宽化；当置氢量为 0.68% 时，合金中只有 β 相的衍射峰，氢在 β-Ti 中的溶解度高达 0.92%[97]，远远高于氢在 α-Ti 中的溶解度，此时吸收的氢还未达到 β-Ti 的极限溶解度，因此氢原子全部固溶于 β 相中未产生氢化物；氢含量达到 0.64% 时，合金中不仅出现了 δ 相的衍射峰，还出现了亚稳定的 ω 相，这种相总是与 β 相共生，并且尺寸很小在光学显微镜下观察不到。钛合金强化热处理过程中会出现两种类型的 ω 相：无热 ω 相（$\omega_{altherma}$）和等温 ω 相（$\omega_{isothermal}$）。根据它们的形成过程不同，一般认为在淬火过程中形成的 ω 相为无热 ω 相，形态为椭球状；在时效过程中形成的 ω 相为等温 ω 相，形态为立方形。它们在一定条件下可以发生转化。在本实验冷却条件下应该得到的是无热 ω 相，通常，β→ω 转变对冷却速率是相当敏感的，沈桂琴等[113] 对

Ti-15Mo-2.7Nb-3Al-0.2Si(β-21s)合金的研究表明，只有在水淬的条件下自 β 单相区冷却时合金中才产生了 ω 相，空冷时未产生；而在本实验中试样置氢后在慢速空冷的条件下获得了 ω 相，表明氢显著地降低了 β→ω 转变的临界冷却速度。

通过 X 射线衍射谱计算得出渗氢 0.64% 后合金中 α 和 β 相的晶格常数如表 3-3 所示。由表可看出，随着氢的加入两相的晶格常数增加，表明氢的加入使得 α 相和 β 相晶格膨胀，其中 α 相的晶格体积膨胀了约 0.1%，β 相膨胀了约 0.7%，会使合金内部产生应力应变，对合金的强化起一定作用。根据布拉格定律，α 相和 β 相晶格膨胀，晶格参数增大，增大了对应晶面的间隙，晶面间距增大，其所对应的 X 射线衍射峰会向低角度偏移，从图 3-19 也可以明显看出，随着氢含量的增加，无论是 α 相还是 β 相的衍射峰都向低角度偏移，并且还注意到 β 相衍射峰偏移的程度明显大于 α 相。这是由于钛合金中氢原子的扩散位置受化学亲和力和畸变能这两个因素的共同制约，化学亲和力在较低氢含量（小于 6×10^{-3}）时起主要作用；而较高氢含量（大于 6×10^{-3}）时畸变能起主要作用。本实验氢含量均较低，所以化学亲和力起决定性的作用。又因为氢属于 β 稳定元素，β-Ti 对其的化学亲和力大于 α-Ti 的，因此 β-Ti 中溶入的氢较多，从而 β-Ti 衍射峰向低角度偏移的程度较大。

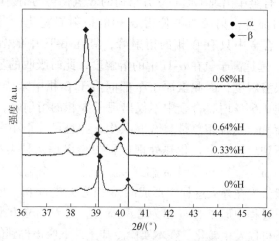

图 3-19　36°~46°的局部放大图

表 3-3　不同氢含量 TB8 合金中 α 相和 β 相的晶格常数

$w(\text{H})/\%$	α 相	β 相	α 相晶格体积/%	β 相晶格体积/%
0	$a = 2.950$，$c = 4.683$	3.282	35.29	35.35
0.64	$a = 2.951$，$c = 4.687$	3.289	35.35	35.58

3.6.2.2　置氢温度的影响

选取置氢量为 0.4% H，分别对在 600℃ 和 700℃ 置氢温度下制得的试样进行 X 射线衍射实验观察。TB8 钛合金在不同温度置氢后的相成分与未置氢合金的对比结果如表 3-4 所示，图 3-20 所示为对应表 3-4 中的合金的 X 射线衍射图谱。

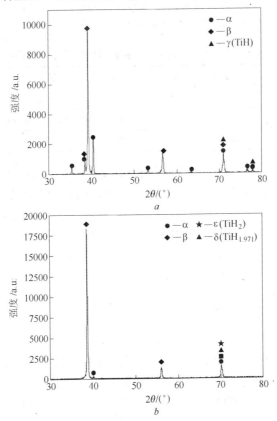

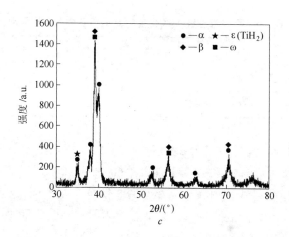

图 3-20　不同温度置氢与未置氢试样 XRD 图谱

a—未置氢；b—600℃/0.4%H；c—700℃/0.4%H

表 3-4　不同温度置氢与未置氢试样相成分对比结果

$w(H)/\%$	置氢温度/℃	α 相	β 相	氢化物	ω 相
0	—	√	√	$\gamma(TiH)$	
0.4	600	√	√	$\delta(TiH_{1.971})$, $\varepsilon(TiH_2)$	
0.4	700	√	√	$\varepsilon(TiH_2)$	√

由表 3-4 可以看出，未置氢合金与置氢合金（$w(H)=0.4\%$）均有 α 相、β 相以及氢化物相，只是所形成的氢化物相的种类有所不同。我们知道，钛合金中通常存在 δ、ε 和 γ 三种氢化物。在 TiH_x 中，$0.1 \leqslant x \leqslant 1.5$ 的是 γ 氢化物，它是一种亚稳定的 fct 结构（面心四方）氢化物，轴向比 $c/a > 1$，是从具有 hcp 结构的 α-Ti 基体中析出的，由图 3-20a 也可以看出，γ 相总是和 α 相的衍射峰相互重叠的；当钛合金中的氢浓度较低时才会生成 γ 相，TB8 合金本身就含有 0.01% 的微量氢元素，待从高温冷却后即析出了 γ 相；在 TiH_x 中，$1.5 \leqslant x \leqslant 1.99$ 的即为 δ 氢化物，它具有 fcc（面心立方）结构，是 β 相共析转变的产物，过量渗氢的 α 相也可以析出 δ 氢化物，由图 3-20b 看出，TB8 合金中出现了 $\delta(TiH_{1.971})$ 的衍射峰，并且 δ 与 α 和 β 的峰重叠，表明 600℃ 时置氢量达到 0.4% 时，发生共析反应 β→α +

δ；TiH$_2$ 称为 ε 氢化物，具有 fcs（面心正方）结构，$c/a < 1$，形成 ε 相需达到临界氢浓度以上，由图 3-20b 和 c 可看出，均发现有 ε 相，说明置氢量 0.4% 已达到生成 ε 相的临界氢浓度，并且 ε 相的热力学不稳定，在一定温度下容易分解，本实验条件下 700℃ 仍有 ε 相，表明还未达到其热力学分解温度。以上分析结果表明，置氢温度会对氢化物的存在形式有一定的影响。

另外，由实验结果发现相同的置氢量（0.4% H），700℃ 时有 ω 相的生成，而 600℃ 时未产生 ω 相。可能的原因是：

（1）因为钛合金淬火后的相组成不仅受 β 稳定元素的含量的影响，即与图 3-21 中的 C_n 有关，还与淬火温度有关。当置氢量相同，即 C_n 值一定（本实验条件下 $C_k < C_n < C_3$）时，相成分与淬火温度有关，当淬火温度在 t'_k 以上淬火后即有 ω 相生成，600℃ 可能处于 t'_k 以下，因而未有 ω 相；

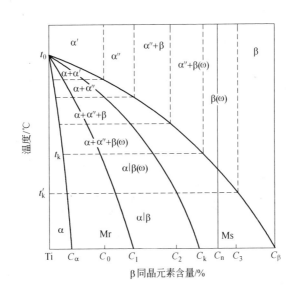

图 3-21　二元 β 同晶合金系亚稳相图[114]

（2）600℃ 时 0.4% 的氢含量未能使 TB8 合金的 ω 相临界冷却速率降至实验时的冷却速度，因而未生成 ω 相。

放大观察 700℃/0.4％ H 钛合金的 XRD 图谱，如图 3-22 所示。相对 600℃/0.4％ H 时，合金的衍射峰独立性差，存在很多的分叉，相互间粘连的部分多，这是由于合金的相转变未达到平衡状态，存在亚稳定相。由以上分析结果可看出 700℃时确实是产生了亚稳定相 ω 相和 ε 相。此外，衡量钛合金相转变是否达到平衡状态，还可通过定量分析 α 相、β 相中 β 稳定元素的含量来判断。对于退火前为 α 相组织和亚稳定 β 相的钛合金，在相转变温度以下（或临界温度）等温退火的过程中，亚稳定 β 相中会发生 $\beta_{亚} \rightarrow \beta + \alpha$ 的组织转变，随着该转变过程的进行，β 稳定元素不断聚集，伴随 β 相晶粒长大，趋于稳定化。同时，α 相析出，相中 β 稳定元素含量减少。最终 β 相中 β 稳定元素的含量明显高于 α 相中的含量，合金组织转变完全，趋于稳定。否则，若 α 相和 β 相中 β 稳定元素含量无明显差异，表明相转变不充分，存在亚稳定相。关于置氢处理后 β 稳定元素的重新分配将在后面进行详细的讨论。

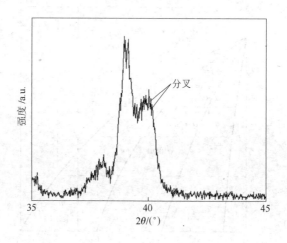

图 3-22　700℃/0.4％ H 的 TB8 合金局部放大 XRD 图谱

3.6.3　置氢钛合金固态相变

热氢处理技术就是利用氢在钛合金中的可逆化原理，先将氢以扩散的方式进入合金内部，然后通过一系列的后续处理，利用氢改变合金的相变动力学，改善合金的相成分、组织结构，最后实现性能改善。置氢合金中的固态相变过程是制定合理的钛合金氢处理工艺的基础，同时也是研究和改善氢处理工艺的理论基础。因此，研究置氢钛合金的固态相变是很有必要的。本节通过上述对置氢后 TB8 钛合金的微观组织及物相分析，总结出 TB8 钛合金的置氢相变。

本实验均在相变点以下进行充氢，故在充氢过程中开始参与吸氢的包括 α 相和 β 相。根据 Ti-H 二元相图，在一定的氢气压力下、300～882℃的温度范围内，α 相均能吸氢。α 相吸氢后首先形成 α_H，当 α_H 继续吸氢至饱和溶解度后即发生 $\alpha_H \rightarrow \beta_H$ 转变而生成 β_H 相。正是由于 α 的这一相变过程才使得钛合金在热氢处理后塑性相 β 增多，改善了合金的塑性加工性能。充氢过程结束后即进入冷却阶段，随着温度的降低，H 在 α 相中的溶解度逐渐减少，因而发生 $\alpha_H \rightarrow \alpha +$ TiH_x，x 的值由置氢量及充氢温度决定；H 在 β 相中的溶解度比在 α 中大得多，高温充氢时，当氢含量高于 α 相的溶解度后多余的氢即溶解于 β 中，因此在高温阶段 α 相不会直接析出氢化物。

β 相吸氢能力强，当置氢量未达到其极限溶解度时，不会析出氢化物，即不会发生 $\beta_H \rightarrow \beta + \delta$ 氢化物；当氢含量较少时，吸氢的 β_H 和由 α_H 转变而成的 β_H 相在冷却时会发生共析反应 $\beta_H \rightarrow \alpha_H + \delta$ 而生成氢化物；随着氢含量增多，氢逐渐降低了临界冷却速率，即降低了淬火温度和速率，使得共析反应来不及发生，从而使更多的 β_H 相可保留至室温。TB8 钛合金属于亚稳 β 型钛合金，在一定的冷却速率下会产生亚稳定 ω 相，氢可降低 ω 相转变的临界冷却速率，在氢含量达到某一临界值后，发生 $\beta_H \rightarrow \omega$ 转变。

由以上分析结果得出，TB8 钛合金在充氢过程中发生的相转变如下：

$$\alpha \longrightarrow \alpha_H \longrightarrow \alpha_H + \beta_H$$

$$\beta \longrightarrow \beta_H$$

当氢含量足够高时，还有 $\beta_H \rightarrow \beta + \delta$ 氢化物。

TB8 钛合金充氢后冷却过程中发生以下反应：

$$\alpha_H \longrightarrow \alpha + TiH_x$$

$$\beta_H \longrightarrow \alpha_H + \delta \text{ 氢化物（氢含量较少时）}$$

$$\beta_H \text{ 保留至室温}, \beta_H \longrightarrow \omega \text{（氢含量达到某一临界值后）}$$

3.6.4 渗氢后的相变点及元素分布状况

3.6.4.1 氢对 TB8 钛合金相变点的影响

氢可以有效地降低$(\alpha + \beta)/\beta$ 相变温度，从而增加 $(\alpha + \beta)$ 两相区的温度区间，相应增加了退火和淬火合金中的 β 相数量。由于 β 相在高温下易于变形，β 相的增加可提高合金的加工性能，这也有利于合金加工时的模具选材，更有利于模具使用寿命的提高。

从 TB8 合金的显微组织变化可看出，在充氢温度下，随着氢浓度的增加，合金中 α 相的体积分数逐渐减少，而 β 相的体积分数逐渐增加，即合金发生了 $\alpha \rightarrow \beta$ 的相变。当合金中的氢含量达到某一值后，合金中的 α 相全部转变成 β 相，此时的温度就是合金在此氢浓度下的相变点。利用差热分析技术测定合金的相变温度，图 3-23a 所示为 600℃/1h 渗氢处理后置氢量为 1.3% 的 TB8 合金差热曲线。由图可见，渗氢后合金的相变点降至 747℃，原始 TB8 合金的 β 相变点约为 815℃，表明氢确实降低了 TB8 合金的 β 相转变温度。

结合金相组织，如图 3-23b 所示，置氢 1.3% 后合金完全由 β 相所组成，并且局部晶粒有合并长大的趋势，说明置氢量为 1.3% 时相

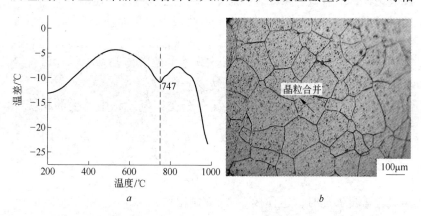

图 3-23 TB8 合金 600℃/1h 渗氢试样的差热曲线和金相组织

a—差热曲线；*b*—金相组织

变点已降至 600℃ 以下，这与文献［115］中报道的在 600℃ 和 3000Pa 氢气中加氢得到0.72% 的 β-21s 合金，显微组织中已不存在 α 相，表明吸收的氢使 β 转变温度降至 600℃ 以下的研究结果相一致。但这与差热曲线测得的 747℃ 有差距，这主要是因为差热实验时虽然采用了氩气进行保护，尽量减少合金发生氧化反应，但是实验系统中难免仍会有少量的氧气渗入，钛是一种化学性质非常活泼的元素，与氧具有很强的亲和力，极易发生反应，这一点可从图 3-24 中看出，随着加热温度的升高，钛与氧发生氧化反应，导致合金的重量逐渐增加。氧是一种非常强烈的 α 稳定剂，每增加 0.1% 的氧含量，就能够使相转变温度提高 22℃，因而使得所测的数值与实际结果有差异，但从所测结果来看，氢的加入确实是降低了钛合金的相变温度。

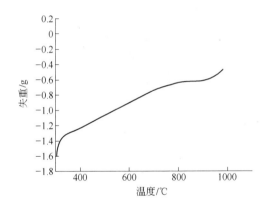

图 3-24　TB8 合金 600℃/1h 渗氢试样的热重曲线

3.6.4.2　置氢后合金的元素分布状况

氢能够增强钛原子的自扩散能力和溶质原子的扩散能力，并且由于氢在 α 相和 β 相中的扩散系数不同，使得氢在 α 相和 β 相中的分布不均，导致合金元素在 α 相和 β 相中的扩散系数的变化，致使合金元素得到重新分布。为了研究氢对元素分布的影响，现对不同氢含量的合金以及同一氢含量的不同区域进行能谱分析，对每一氢含量的合金分别在晶界（图 3-25 中谱图 1）、析出相（谱图 2）和基体（谱图 3）处进行测定。析出相是 α 相和氢化物的混合组织，基体则是 β 相。

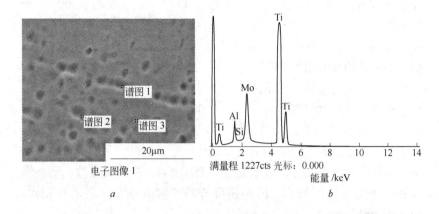

图 3-25 TB8 合金能谱分析图

a—能谱测定区域；*b*—谱图 3 处化学成分

　　表 3-5 列出了不同氢含量的 TB8 合金在不同区域的化学元素分布结果。由表可看出，未置氢合金（0% H）在不同区域，即 α、β 及晶界处呈现出合金元素偏聚现象：α 稳定元素 Al、C 偏聚于 α 相中，而 β 稳定元素 Mo、Si 主要聚集于 β 及晶界处。

表 3-5 不同氢含量、不同区域能谱分析结果

位　置		$w(H)/\%$	0	0.38	0.49
谱图 1		Al	3.23	3.34	3.28
		Si	0.24	0.28	0.17
		Ti	81.01	81.21	81.31
		Mo	15.52	15.16	15.23
		C	—	—	0.52
谱图 2		Al	2.85	3.21	2.53
		Si	0.13	0.16	0.13
		Ti	80.87	80.84	82.00
		Mo	15.63	15.79	15.35
		C	0.51	—	—

续表 3-5

位　置		w(H)/%		
		0	0.38	0.49
谱图 3	Al	2.68	3.28	2.83
	Si	0.32	0.17	0.17
	Ti	79.97	81.31	79.82
	Mo	16.45	15.23	16.49
	C	0.58	—	0.69

相比于未置氢合金，合金在置氢后基体与晶界、析出相中的元素重新分布，并且这种重新分布还存在着一定的规律性。析出相中的 β 稳定元素 Mo、Si 含量增加，而基体中的 β 稳定元素则呈下降趋势，即 β 稳定元素由 β 相向 α 相扩散，氢具有减少 β 稳定元素在 β 相中的含量，增加其在 α 相中的含量的作用，这与曹兴民[112]的研究结果相一致。同时 α 稳定元素 Al 则从 α 相扩散至 β 相和晶界。

根据弱键理论[116]，钛合金置氢后进入间隙位置的氢原子的核外电子可能填入 Ti 原子未饱和的 3d 电子轨道，结果将在 Ti 原子之间出现附加的静电斥力，弱化了原子间的键合作用，这种氢致弱键效应会影响合金元素的扩散系数，从而导致合金元素在钛合金中的重新分布。

已有的氢对合金元素 Al 和 V 在 β-Ti、Ti6Al4V 中扩散的影响表明，置换式溶质原子的扩散系数依赖于空位的形成能 ΔH_V^f 和迁移能 ΔH_m^V，即：

$$D \propto \exp[-(\Delta H_V^f + \Delta H_m^V)/RT]$$

式中，ΔH_V^f 和 ΔH_m^V 为与金属原子间的键合强度有关的参数。

在给定的扩散温度下，置氢引起的弱键效应可同时减小 Ti 基体的空位形成能 ΔH_V^f 和空位迁移能 ΔH_m^V，从而降低了溶质原子在 Ti 基体中的扩散能垒，提高了其扩散速率，表现为氢的置入导致合金元素扩散系数的提高[108]。α 相和 β 相溶解氢的能力不同，使得氢在 α 相

和 β 相中的分布不均，导致合金元素在 α 相和 β 相中扩散系数的变化，这种变化的结果将致使主要合金元素获得重新分布。

氢溶入 β 相中后，由于氢致弱键效应，提高了合金元素的扩散系数，并且氢本身就属于 β 稳定元素，会影响 β 相中其他 β 稳定元素的稳定性，从而使得 Mo、Si 由 β 相向 α 相扩散。

4 置氢钛合金的室温拉伸性能

4.1 引言

塑性是指材料在外力的作用下发生永久变形而不破坏其完整性的能力，是材料的重要的属性之一。塑性成型就是指利用材料的塑性，使材料在外力的作用下成型的一种加工方法。从工艺角度出发，总是希望金属材料具有高的塑性。随着科学技术的发展，有越来越多的低塑性、高强度的金属材料（如钛合金等）需要进行塑性成型，以适应生产的需要。因此，如何改善低塑性材料的塑性是一个重要的研究课题。目前，有很多学者都在进行难变形材料的增塑方法和机理的研究工作。

拉伸变形是材料的一种基本力学行为，对其进行研究具有重要的工程实际意义。金属的拉伸性能可用来评定金属材料的某些加工工艺性能。因此，本章主要介绍氢含量及变形参数对置氢钛合金拉伸性能的影响。将对 Ti-6Al-4V-xH 合金进行室温拉伸试验，得到不同应变速率下 Ti-6Al-4V-xH 合金的真实应力应变曲线及力学性能指标，分析氢含量和应变速率对 Ti-6Al-4V 合金伸长率、抗拉强度、屈服强度、弹性模量和维氏硬度等室温拉伸性能的影响规律，建立 Ti-6Al-4V-xH 合金拉伸真实应力应变关系的数学模型，并对其断口形貌和变形后的微观组织进行观察和分析。为了进一步揭示氢对 Ti-6Al-4V 合金拉伸断裂模式的影响及机理，利用原位拉伸试验对 Ti-6Al-4V-xH 合金拉伸变形过程中裂纹的萌生、扩展及断裂的全过程进行实时观察，并利用有限元模拟技术对合金的拉伸过程进行模拟。

4.2 性能测试方法

4.2.1 室温拉伸试验

室温拉伸试验是在 Instron-5569 型电子万能材料试验机上进行的

轴向加载静拉伸，拉伸试验所用的试样是 1mm 厚的板材，试样的结构及尺寸如图 4-1 所示。拉伸速度分别为 0.05mm/min、0.5mm/min 和 5mm/min。

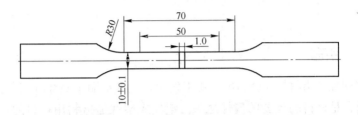

图 4-1　拉伸试样的结构及尺寸（mm）

在拉伸试验过程中，材料试验机自动控制变形条件，对试样进行加载，并采用标距为 25mm 的引申计自动记录试样的伸长和与之对应的载荷，根据伸长、载荷等试验数据及试样在均匀变形过程中的体积不变原则计算并绘制试样的真实应力应变曲线，所用的公式为式（4-1）和式（4-2）。拉伸试样的伸长率是通过测量试样拉伸变形前后的标距并计算得到的。

$$\sigma = \frac{PL}{F_0 L_0} \tag{4-1}$$

$$\varepsilon = \ln \frac{L}{L_0} \tag{4-2}$$

式中　σ ——真实应力；

　　　ε ——真实应变；

　　　P ——试验所测得的载荷；

　　　F_0 ——试样的原始横截面面积；

　　　L_0 ——试样的原始长度；

　　　L ——试样变形后的长度。

4.2.2　原位拉伸试验

为了实时研究氢对 Ti-6Al-4V 合金拉伸断裂过程中裂纹的萌生、扩展和断裂行为的影响，作者在室温下对未置氢、置氢 0.3%（A 规

范）及其除氢 Ti-6Al-4V 合金板材进行了原位拉伸试验。试验设备为
FEI 公司生产的 Quanta 200 型扫描电子显微镜以及 Deben 公司生产的
微拉伸控制台（该拉伸单元的最大载荷为 2kN）。根据该微拉伸控制
台的要求，用电火花线切割设备对原位拉伸试样进行加工，试样的形
状及尺寸如图 4-2 所示。在原位拉伸试样的中部沿垂直于拉伸方向上
用电火花线切割设备切割出一条深度为 1mm 的裂缝，裂缝根部的缺
口半径约为 0.2mm。切割该裂缝的目的是为了在原位拉伸过程中使
初始裂纹首先在缺口附近产生，方便用扫描电子显微镜实时观察和跟
踪裂纹的萌生、扩展和断裂的全过程。将原位拉伸试样用砂纸打磨至
0.5mm 厚，然后对试样进行电解抛光，电解液的成分是高氯酸∶冰
乙酸 = 1∶10（体积分数），最后用混合酸溶液（HF∶HNO$_3$∶H$_2$O =
1∶1∶8，体积分数）腐蚀试样，以显示试样的微观组织。在进行原
位拉伸试验之前，将试样固定在微拉伸装置的拉伸台上，并将原位拉
伸试样与微拉伸装置一起放入扫描电子显微镜的真空舱中，然后抽至
高真空。原位拉伸试验的加载采用位移控制方式，拉伸速度为
0.5mm/min，通过计算机自动记录拉伸过程中的载荷和位移等试验数
据，同时利用扫描电子显微镜实时观察缺口附近裂纹的萌生、扩展直
至断裂的全过程，并利用扫描电子显微镜的录像功能将试样的整个拉
伸变形过程录制下来。为了拍摄高分辨率的图片，在原位拉伸试验过
程中将施加的载荷适时停止，拍摄完照片后继续以 0.5mm/min 的速
度进行拉伸直至试样断裂。原位拉伸试验结束后，用 Hitachi S-570 型
扫描电子显微镜对试样的断口形貌进行观察，主要集中于观察缺口附
近的断口形貌，以确定试样的裂纹源。

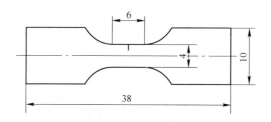

图 4-2　原位拉伸试样的结构及尺寸（mm）

　　为了解释未置氢、置氢和除氢 Ti-6Al-4V 合金原位拉伸试样裂纹源的差异，作者利用有限元模拟技术对合金的拉伸过程进行了数值模拟，并对试样缺口附近的应力和应变分布情况进行了分析。利用 ANSYS 有限元模拟软件建立了原位拉伸试样的三维有限元模型，单元类型采用 SOLID 186，将未置氢合金拉伸试验所得到的真实应力和真实应变等数据输入程序中作为材料的数据。有限元模拟时，采用以下的参考系：x 轴、y 轴以及 z 轴分别平行于原位拉伸试样的长度、宽度以及厚度方向，并且三者相互垂直。为了获得更加精确的模拟结果，作者将缺口附近的有限元网格进行了局部细化，试样总的网格数为 54625 个，如图 4-3 所示。载荷的加载方式为将试样一端固定，另一端为面载荷，这与原位拉伸试验时的实际情况一致。

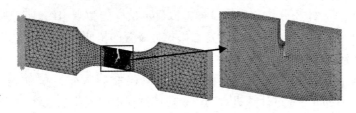

图 4-3　原位拉伸试样的三维有限元模型及网格分布

4.2.3　维氏硬度试验

　　将试样利用金相砂纸打磨并抛光后，在 HVS-5 型数显小负荷维氏硬度计上进行维氏硬度的测定。加载载荷为 5000g，保持时间为 30s，每个试样测量三个点，取其平均值作为试样的维氏硬度值。

　　利用 HVS-1000Z 型数显显微维氏硬度计对磁脉冲高速压缩变形后试样剖面组织中的绝热剪切带及其周围基体的硬度进行测定。加载载荷为 200g，保持时间为 15s。

4.3　氢含量对 Ti-6Al-4V 合金室温拉伸性能的影响

　　Ti-6Al-4V-xH 合金的室温拉伸真实应力应变曲线如图 4-4 和图 4-5 所示。从图可以看出，随着氢含量的增加，合金的伸长率、抗拉强度和屈服强度等室温拉伸性能发生明显的下降，表明氢使 Ti-6Al-4V

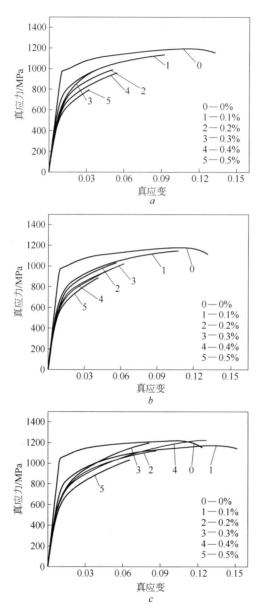

图 4-4　A 组 Ti-6Al-4V-xH 合金的拉伸真实应力应变曲线

a—0.05mm/min；b—0.5mm/min；c—5mm/min

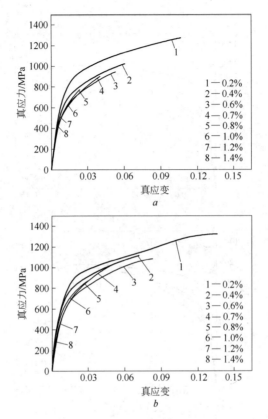

图 4-5　B 组 Ti-6Al-4V-xH 合金的拉伸真实应力应变曲线

a—0.5mm/min；b—5mm/min

合金的室温拉伸性能逐渐恶化。当氢含量超过 1.0% 时，合金已完全脆化，基本无塑性变形。拉伸试验结果表明置氢不利于 Ti-6Al-4V 合金的室温拉伸变形。

对 Ti-6Al-4V-xH 合金在不同拉伸速度下的伸长率、抗拉强度、屈服强度、弹性模量和维氏硬度等室温拉伸性能指标进行测量和计算，以分析氢含量和拉伸速度对 Ti-6Al-4V 合金的室温拉伸性能的影响规律。

4.3.1　伸长率

它是试样在拉伸断裂后，原始标距的伸长与原始标距之比的百分率。对各拉伸试样断裂后的标距进行测量，按照国家标准的规定通过计算得到各试样的伸长率，结果如图 4-6 所示。从图可以看出，随着氢含量的增加，合金的伸长率呈逐渐下降的趋势。A 组合金伸长率的最大降幅达 84.6%。当氢含量超过 1.0% 时，B 组合金基本无塑性变形。随着拉伸速度的增加，相同氢含量合金的伸长率逐渐增大。

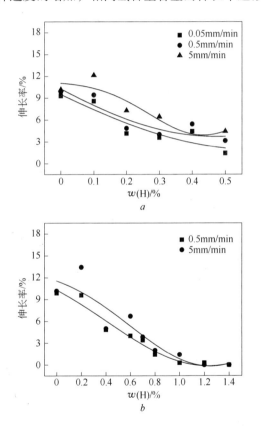

图 4-6　Ti-6Al-4V-xH 合金的伸长率与氢含量的关系
a—A 规范；b—B 规范

4.3.2　抗拉强度

它是材料的极限承载能力。通过计算得到各合金在不同拉伸速度下的抗拉强度，如图 4-7 所示。可以看出，随氢含量的增加，合金的抗拉强度逐渐降低，A、B 两组合金抗拉强度的最大降幅分别达 33.4% 和 57.6%。随着拉伸速度的增大，合金的抗拉强度逐渐增大。

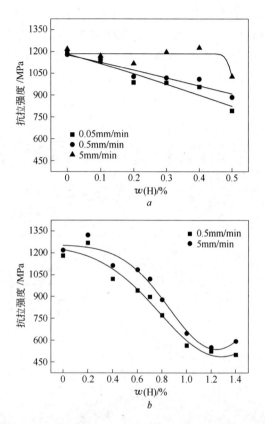

图 4-7 Ti-6Al-4V-xH 合金的抗拉强度与氢含量的关系
a—A 规范；b—B 规范

4.3.3 屈服强度

由试样的拉伸真实应力应变曲线可以看出，试样没有明显的屈服点。所以，合金的屈服强度用产生 0.2% 变形时的应力值表示。各试样的屈服强度如图 4-8 所示。从图可以看出，随着氢含量的增加，合金的屈服强度逐渐降低，A、B 两组合金屈服强度的最大降幅分别达 52.4% 和 53.6%；拉伸速度为 0.05mm/min 和 0.5mm/min 时，试样的屈服强度变化不大。而当拉伸速度增至 5mm/min 时，试样的屈服强度略有增加。即随着拉伸速度的增加，合金的屈服强度也随之增加。

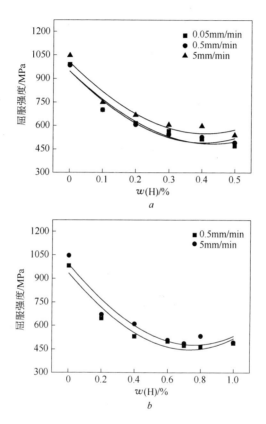

图 4-8 Ti-6Al-4V-xH 合金的屈服强度与氢含量的关系

a—A 规范；b—B 规范

4.3.4 弹性模量

它是在弹性变形阶段，合金所受的应力与其所产生的应变之比。Ti-6Al-4V-xH 合金在不同拉伸速度下弹性模量与氢含量的关系如图 4-9 所示。从图可以看出，随着氢含量的增加，A 组合金的弹性模量逐渐降低，当氢含量达 0.2% 时，合金的弹性模量达到最小值，最大降幅达 36.0%；当氢含量超过 0.2% 时，合金的弹性模量又逐渐增大，但置氢合金的弹性模量均低于未置氢合金的弹性模量。速度对合金弹性模量的影响不明显。随着氢含量的增加，B 组合金的弹性模量也有一定的波动，但大致的趋势是逐渐降低的，最大降幅达 27.9%。

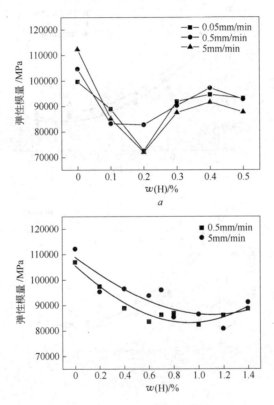

图 4-9　Ti-6Al-4V-xH 合金的弹性模量与氢含量的关系
a—A 规范；b—B 规范

4.3.5　维氏硬度

对 Ti-6Al-4V-xH 合金拉伸变形前后的维氏硬度进行测量，以揭示氢含量和塑性变形对合金硬度的影响规律。Ti-6Al-4V-xH 合金拉伸变形前后维氏硬度的变化如图 4-10 所示。可以看出，拉伸变形前合金的维氏硬度随着氢含量的增加而逐渐降低，A 组、B 组合金维氏硬度的最大降幅分别达 21.0% 和 29.5%，置氢后合金维氏硬度的降低是由合金中较软的 β 相和 α″马氏体相增多导致的。拉伸变形后，由于加工硬化导致合金的硬度提高。在三种拉伸速度下，变形后合金的维氏硬度随氢含量的增加而逐渐降低，拉伸速度对 Ti-6Al-4V-*x*H 合金维氏硬度的影响不明显。

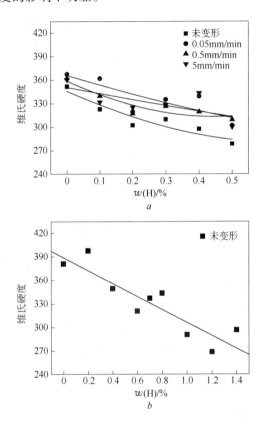

图 4-10　Ti-6Al-4V-*x*H 合金拉伸变形前后的维氏硬度

a—A 规范；*b*—B 规范

4.4　Ti-6Al-4V-*x*H 合金室温拉伸变形应力应变曲线数学模型

钛合金的应力应变关系是其塑性变形工艺设计的基础，对塑性变形工艺的制定和设备的选择具有重要指导意义，也是塑性变形过程数值模拟的重要前提，因而在钛合金的塑性变形研究中具有重要的作用。目前，一般通过热成型工艺加工实现钛合金材料成型。因此，钛合金应力应变关系的研究多集中在通过热模拟试验机对试样进行高温压缩试验，利用经验公式[117]、统计回归[118]、神经网络[119]等方法得到合金应力应变关系的数学表达式。但是对于钛合金室温拉伸变形应力应变关系的研究报道很少。

氢是一种间隙型的 β 相稳定元素，对 Ti-6Al-4V 合金的组织和性能有重要影响，目前已有较广泛的研究，但是对 Ti-6Al-4V-xH 合金应力应变关系的研究报道很少。作者在 Ti-6Al-4V-xH 合金室温拉伸试验及其真实应力应变曲线的基础上，研究了合金在室温条件下的拉伸变形行为。在系统分析不同氢含量 Ti-6Al-4V 合金室温拉伸试验结果的基础上，分析了 Ti-6Al-4V-xH 合金室温拉伸变形的特点，建立了真应变和氢含量等参数与真应力曲线的数学模型，从而为不同氢含量 Ti-6Al-4V 合金室温拉伸成型工艺和数值模拟提供依据。

由于 B 组 Ti-6Al-4V-xH 合金的氢含量种类比 A 组合金多，所以作者以 B 组合金为例进行介绍。B 组 Ti-6Al-4V-xH 合金的拉伸真实应力应变曲线及其室温拉伸性能可知，试样在拉伸过程中，随着载荷的增加，首先发生弹性变形，然后出现塑性变形，最后断裂。在拉伸过程中，合金的加工硬化现象比较明显。试样的屈服强度、抗拉强度和伸长率等室温力学性能均随着氢含量的增加而降低。另外，合金的 $\varepsilon_{0.2}$、n 和 k 如表 4-1 所示。而 Ti-6Al-4V 合金的高温拉伸真实应力应变曲线与室温拉伸应力应变曲线有明显的不同。高温下 Ti-6Al-4V 合金的拉伸真实应力应变曲线如图 4-11 所示。在高温条件下，由形变产生的加工硬化和动态回复、再结晶所引起的软化，在拉伸过程中不断交替进行。温度低时主要发生动态回复，温度高时主要为动态再结晶。由于钛合金的高温及室温应力应变曲线的特征不同，故其室温应力应变曲线的数学模型与高温情况下的不同。

表 4-1　B 组 Ti-6Al-4V-xH 合金的室温拉伸力学性能

$w(H)/\%$	E/MPa	$\sigma_{0.2}/MPa$	$\varepsilon_{0.2}$	n	k
0.0	107114.2	982.3	0.0112	0.480	636.7
0.2	97606.7	646.2	0.00863	0.396	1550.7
0.4	88940.1	531.3	0.00797	0.493	2091.2
0.6	83686.3	499.5	0.00795	0.589	2787.1
0.7	86364.4	472.6	0.00747	0.664	4156.7
0.8	87024.8	462.5	0.00733	0.766	7442.8
1.0	82449.5	488.9	0.00793	0.952	20150.2
1.2	86172.3	0	0	—	—
1.4	88749.4	0	0	—	—

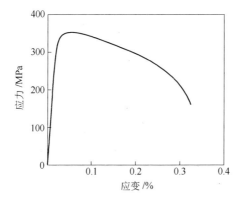

图 4-11　Ti-6Al-4V 合金的高温拉伸应力应变曲线（700℃）

在 Ti-6Al-4V-xH 合金的室温拉伸变形过程中，试样的真应力是真应变和氢含量的函数，即

$$\sigma = f(\varepsilon, x) \tag{4-3}$$

由 Ti-6Al-4V-xH 合金的真实应力应变曲线的分析可知，试样的真实应力应变关系分为两个阶段。开始的直线阶段表示试样处于弹性变形状态，此时真应力和真应变呈线性关系，符合胡克定律。试样在屈服点以上继续拉伸，产生加工硬化现象，进入塑性区，此时真应力

和真应变的关系表现为非线性，可采用弹塑性硬化模型来描述。所以，不同氢含量 Ti-6Al-4V 合金的真实应力应变关系可采用弹性区和塑性区两段来描述。

在弹性区内，真应力和真应变符合胡克定律，即 $\sigma = E\varepsilon$，所以此时只需确定弹性模量 E 和氢含量的关系即可。不同氢含量 Ti-6Al-4V 合金的弹性模量 E 见表 4-1。可以看出，未置氢 Ti-6Al-4V 合金的弹性模量与置氢合金的弹性模量有明显的不同，未置氢合金的弹性模量明显高于置氢合金的弹性模量。随氢含量的增加，合金的弹性模量逐渐降低。弹性模量与氢含量的关系曲线及公式分别如图 4-12 和式 4-4 所示。

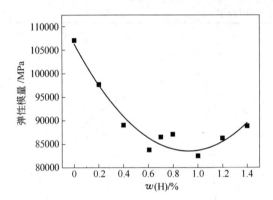

图 4-12　B 组 Ti-6Al-4V 合金的弹性模量与氢含量的关系曲线

$$E = 106279.5 - 49303.2x + 26634.1x^2 \qquad (4\text{-}4)$$

所以，在弹性区内，Ti-6Al-4V-xH 合金的真应力与真应变的关系数学模型为：

$$\sigma = E\varepsilon \qquad (4\text{-}5)$$

式中，E 见式（4-4）。

在塑性区内，对于有初始屈服应力的冷变形金属材料，其真实应力应变关系的简化形式可以用式（4-6）表示。

$$\sigma = \sigma_s + k\varepsilon^n \qquad (4\text{-}6)$$

由于式（4-6）略去了弹性变形阶段，对其精度有一定的影响。

本书考虑了试样弹性变形的影响，Ti-6Al-4V-xH 合金的真实应力应变曲线可以用式（4-7）来表示。所以，只要确定 $\sigma_{0.2}$、$\varepsilon_{0.2}$、n 值和 k 值等参数与氢含量的关系，即可得到塑性区内 Ti-6Al-4V-xH 合金的真应力与真应变和氢含量等参数的数学关系式。

$$\sigma = \sigma_{0.2} + k(\varepsilon - \varepsilon_{0.2})^n \qquad (4\text{-}7)$$

Ti-6Al-4V-xH 合金的屈服强度随氢含量的变化规律见图 4-8。未置氢合金的屈服强度明显高于置氢合金的屈服强度，即氢显著降低了合金的屈服强度，且合金的屈服强度随氢含量的增加而逐渐降低。拟合后合金的屈服强度与氢含量的关系曲线如图 4-13 所示，式（4-8）为合金的屈服强度与氢含量的数学关系式。

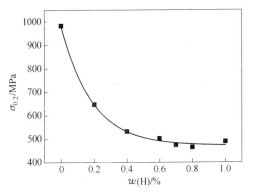

图 4-13 B 组 Ti-6Al-4V 合金的屈服强度与氢含量的关系曲线

$$\sigma_{0.2} = 511.9\exp(-x/0.187) + 470.6 \qquad (4\text{-}8)$$

与屈服强度对应的 Ti-6Al-4V-xH 合金的真应变 $\varepsilon_{0.2}$ 的数据见表 4-1。可知，$\varepsilon_{0.2}$ 随氢含量的增加而逐渐减小，拟合后合金的 $\varepsilon_{0.2}$ 与氢含量的关系曲线如图 4-14 所示，式（4-9）为合金的 $\varepsilon_{0.2}$ 与氢含量的数学关系式。

$$\varepsilon_{0.2} = 0.00761 + 0.0155\exp[-(x+0.0583)/0.0170] +$$
$$0.00425\exp[-(x+0.0583)/0.186] \qquad (4\text{-}9)$$

由式（4-7）可得：

$$\sigma - \sigma_{0.2} = k(\varepsilon - \varepsilon_{0.2})^{n} \tag{4-10}$$

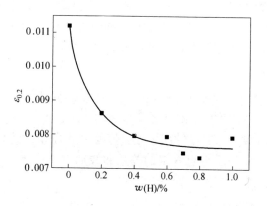

图4-14　B组Ti-6Al-4V合金的$\varepsilon_{0.2}$与氢含量的关系曲线

对式（4-10）两边取对数可得：

$$\ln(\sigma - \sigma_{0.2}) = \ln k + n\ln(\varepsilon - \varepsilon_{0.2}) \tag{4-11}$$

由式（4-11）可知，在双对数坐标中，n为斜率，$\ln k$为截距，所以根据式（4-11）可以得到合金的n值和k值。合金的n值和k值与氢含量的关系见表4-1，拟合后合金的n值和k值与氢含量的关系曲线分别如图4-15和图4-16所示，式（4-12）和式（4-13）分别为合金的n值和k值与氢含量的数学关系式。

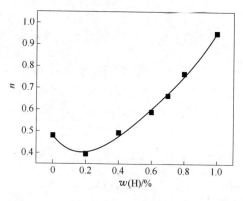

图4-15　B组Ti-6Al-4V合金的n值与氢含量的关系曲线

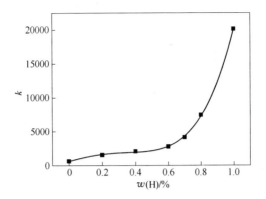

图 4-16 B 组 Ti-6Al-4V 合金的 k 值与氢含量的关系曲线

$$n = 0.478 - 0.943x + 3.558x^2 - 3.635x^3 + 1.496x^4 \quad (4\text{-}12)$$

$$k = 620.2 + 6509.9x - 2954.4x^2 - 31400.1x^3 + 47398.1x^4$$

$$(4\text{-}13)$$

A 组 Ti-6Al-4V-xH 合金室温拉伸变形应力应变曲线的特征与 B 组合金拉伸变形应力应变曲线的特征相同。所以，其数学模型的建立方法和步骤与 B 组合金拉伸变形应力应变曲线数学模型的建立方法和步骤相同。这里不再赘述，仅给出 A 组 Ti-6Al-4V-xH 合金室温拉伸变形应力应变曲线的数学模型。

A 组 Ti-6Al-4V-xH 合金室温拉伸变形应力应变曲线数学模型是：

（1）弹性区：

$$\sigma = E\varepsilon$$

式中，$E = 99320.9 - 105480.3x + 204926.8x^2$。

（2）塑性区：

$$\sigma = \sigma_{0.2} + k(\varepsilon - \varepsilon_{0.2})^n$$

式中　$\sigma_{0.2} = 496.0 + 484.6 \times \exp(-9.07x)$；

$\varepsilon_{0.2} = 0.112 - 0.0147x + 0.0133x^2$；

$n = 0.483 - 0.516x + 1.363x^2$；

$k = 780.7 + 3671.3x$。

4.5 拉伸变形后合金的断口形貌及组织分析

断口形貌能够反映材料的断裂特征，对断口进行观察和分析可以揭示材料的断裂性质以及性能的变化情况。图 4-17～图 4-19 分别为 A 组 Ti-6Al-4V-xH 合金在拉伸速度分别为 0.05mm/min、0.5mm/min 和 5mm/min 时的断口形貌。

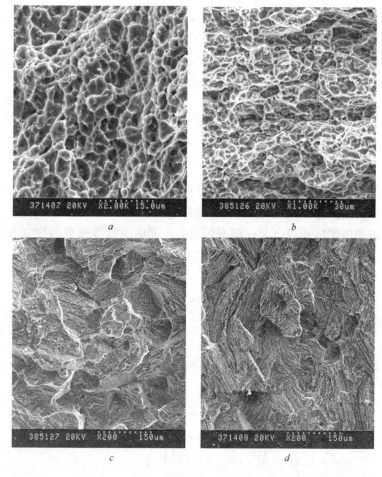

图 4-17　A 组 Ti-6Al-4V-xH 合金的拉伸断口形貌（0.05mm/min）

a—0.0H；b—0.1H；c—0.3H；d—0.5H

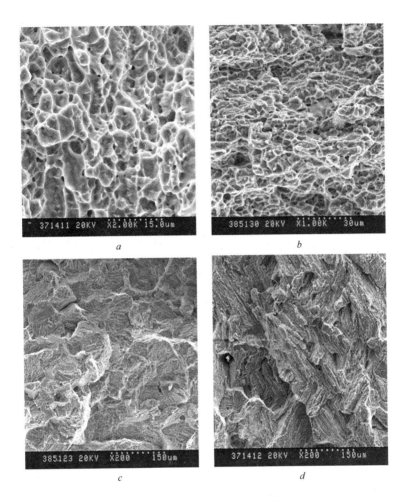

图 4-18　A 组 Ti-6Al-4V-xH 合金的拉伸断口形貌（0.5mm/min）

a—0.0H；b—0.1H；c—0.3H；d—0.5H

由图可看出，氢含量对合金的拉伸断口形貌有明显的影响。未置氢时，合金存在缩颈现象，合金的拉伸断口为典型的韧窝状穿晶断口，韧窝分布均匀，呈现出韧性断裂特征。随着氢含量的增加，拉伸断口趋于平整。氢含量为 0.5% 时，无缩颈现象，试样的拉伸断口呈现大量的沿晶断裂特征，表现为脆性断裂特征。因此，断口形貌观察

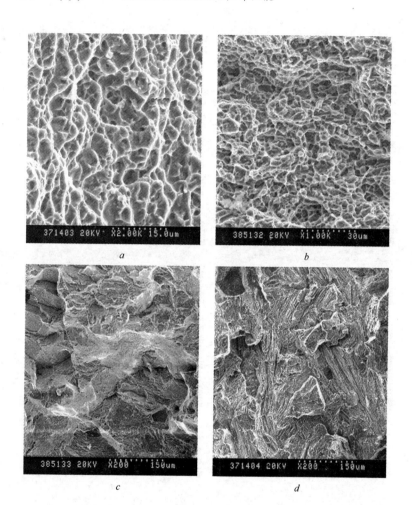

图4-19 A组 Ti-6Al-4V-xH 合金的拉伸断口形貌（5mm/min）

a—0.0H；b—0.1H；c—0.3H；d—0.5H

结果表明氢改变了 Ti-6Al-4V 合金的断裂方式，使其从韧性穿晶断裂转变为脆性沿晶断裂，即氢含量越高，Ti-6Al-4V 合金的室温塑性越差，这与通过拉伸试验得到的氢含量对合金伸长率的影响规律是一致的。氢致钛合金断裂模式的转变是由固溶态氢和氢化物导致的。合金中固溶态氢以及氢化物优先在晶界处聚集，导致晶界处应力集中，降低界面的结合力，加速晶界处裂纹的萌生和扩展，从而引起沿晶断裂。

拉伸试验后，将置氢 Ti-6Al-4V 合金断口附近的区域用电火花线切割设备切割下来，制成 TEM 试样，对其进行透射电镜的观察，如图 4-20 所示。由图可以看出，拉伸变形后，在置氢 Ti-6Al-4V 合金的晶界或相界处均发现裂纹。结果表明，在置氢 Ti-6Al-4V 合金的拉伸变形过程中，裂纹易于在晶界或相界处萌生，并沿晶界或相界扩展，最终造成沿晶断裂。这是因为固溶氢和析出的氢化物聚集于晶界或相界处，导致晶界处应力集中，降低界面的结合力，使晶界弱化，从而导致裂纹优先在晶界处萌生和扩展。

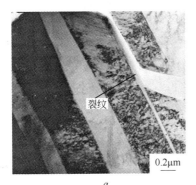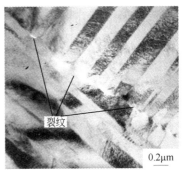

图 4-20　Ti-6Al-4V-1.4H 合金拉伸变形后的 TEM 照片
a—相界裂纹；*b*—晶界裂纹

4.6　氢对 Ti-6Al-4V 合金拉伸断裂行为的原位观察

金属的断裂行为是材料领域中一个重要的研究方向。近年来，许多学者对钛合金的断裂行为已经做了大量的研究工作[66,120,121]，但是这些研究主要集中在利用断口形貌进行的静态分析，缺乏对合金动态断裂过程的实时研究。有研究者利用原位拉伸试验方法实现了对金属断裂过程的实时观察，但是利用原位拉伸试验方法实时地研究氢对钛合金动态断裂过程的影响，还未见相关报道。

因此，为了揭示氢对钛合金断裂行为的影响，作者对未置氢、置氢 0.3%（A 规范）及其除氢 Ti-6Al-4V 合金进行原位拉伸试验，对裂纹的萌生、扩展及断裂的全过程进行实时观察和录像，并对其载荷和位移等数据进行分析。通过对合金的断裂过程、断口形貌的观察以及有限元模拟结果的分析，揭示氢对 Ti-6Al-4V 合金断裂行为的影响机理。置氢合金除氢处理的相关内容见第 8 章，本节介绍除氢合金的原位拉伸试验结果及其分析的目的是为了便于对未置氢、置氢及其除氢合金原位拉伸试验结果进行对比。

4.6.1 原位拉伸试验力学性能

为了消除由原位拉伸试样厚度尺寸的细微差异引起的偏差，作者将由原位拉伸试验得到的载荷转化成工程应力（所除面积为经过缺口根部的最小横截面面积），由于存在缺口，作者未将位移转化成工程应变。未置氢、置氢 0.3% 及其除氢 Ti-6Al-4V 合金原位拉伸试验的应力位移曲线如图 4-21 所示。由图可以看出，三种试样原位拉伸过程中的应力远低于相应合金传统拉伸过程中的应力，这是因为原位拉伸试样的厚度比传统拉伸试样薄，并且原位拉伸试样的缺口处存在应力集中。三种试样在原位拉伸试验过程中应力和位移的变化规律与其传统拉伸试验过程中的应力和应变有相似的规律，即氢的加入降低了合金的强度和塑性，除氢后合金的性能有所恢复，但仍比未置氢合金低，表明氢的加入同样降低了合金的原位拉伸性能。

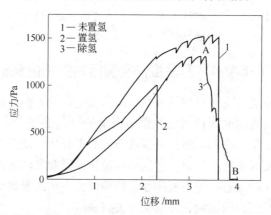

图 4-21　未置氢、置氢 0.3% 及其除氢 Ti-6Al-4V 合金的应力-位移曲线

4.6.2 未置氢 Ti-6Al-4V 合金的断裂过程

未置氢 Ti-6Al-4V 合金原位拉伸过程中缺口附近的 SEM 照片如图 4-22 所示。加载的初期，试样的表面没有发现明显的变化。但是

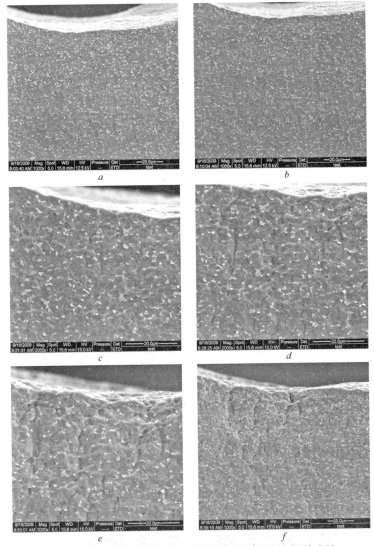

图 4-22　未置氢 Ti-6Al-4V 合金原位拉伸试验的断裂过程
a—拉伸前；b—1307Pa；c—1403Pa；d—1476Pa；e—1526Pa；f—1541Pa

当载荷增加到 1403Pa 时，微孔首先沿着缺口附近的 α 相和 β 相的界面处萌生。随着载荷的增加，微孔逐渐增大，并且其数量也逐渐增多，微孔逐渐连接并导致裂纹形成。大部分裂纹位于缺口附近，并且其方向垂直于加载方向。随着载荷的增加，裂纹数量增多并且由小裂纹长大成大裂纹，裂纹逐渐合并最终导致试样的断裂。断裂过程中 α 相和 β 相在拉应力的作用下沿加载方向被拉长。未置氢合金中相形状的改变随着与缺口根部表面距离的增加而逐渐变小，表明未置氢合金原位拉伸过程中的塑性变形主要发生在缺口根部。在未置氢合金的断裂过程中发现缩颈现象，在缩颈处存在严重的塑性变形，表明未置氢 Ti-6Al-4V 合金的断裂模式是韧性断裂。

4.6.3　置氢 Ti-6Al-4V 合金的断裂过程

Ti-6Al-4V 合金置氢后，在试样的拉伸断裂过程中，试样的表面没有发现明显的变化。置氢 0.3% 合金原位拉伸过程中缺口附近的 SEM 照片如图 4-23 所示。初始裂纹一旦产生，试样瞬间断裂，以至于没有足够的时间拍摄照片。置氢合金的断裂过程中没有发现微孔，并且其晶粒的尺寸及形状也没有发生明显的改变，表明置氢合金在原位拉伸过程中基本没有发生塑性变形，其断裂模式不同于未置氢合金的断裂模式。由图 4-23 可以看出，置氢合金的断裂模式主要是沿晶

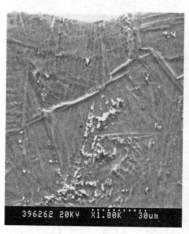

a　　　　　　　　　　　　　*b*

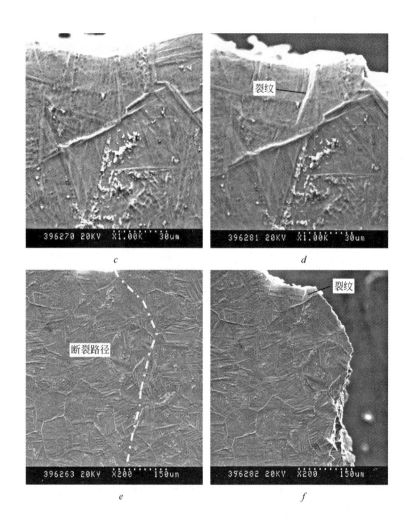

图 4-23 置氢 Ti-6Al-4V-0.3H 合金原位拉伸试验的断裂过程
a，e—拉伸前；b，c—拉伸期间；d，f—断裂后

断裂，但是也存在部分穿晶断裂，表明室温下置氢合金的断裂模式是沿晶与穿晶两种形式并存的脆性断裂。由图 4-23f 可以看出，当置氢合金断裂时，在缺口根部发现一条裂纹，但是试样最终沿着缺口根部的晶界断裂，这是因为晶界和缺口都是合金的薄弱区域，裂纹容易在

薄弱区域萌生，但是试样最终断裂的位置取决于两者相对的强弱。置氢后合金的晶界或相界变弱，这将导致置氢合金更容易发生沿晶断裂。这是因为析出的氢化物与基体的错配度较大，导致在氢化物附近产生较大的应力场[122]，进而引起微裂纹的萌生。置氢合金中固溶氢和氢化物聚集于晶界处，降低了界面处的结合力，导致置氢合金在拉伸过程中更容易出现沿晶界断裂。

4.6.4 除氢 Ti-6Al-4V 合金的断裂过程

除氢 Ti-6Al-4V 合金原位拉伸过程中缺口附近的 SEM 照片如图 4-24 所示。在加载的初期，合金表面没有发现明显的变化。当载荷达到 1307Pa 时，裂纹首先在缺口附近萌生，但是在距缺口表面 150μm 处也发现裂纹，如图 4-24b 所示。随着载荷的增加，裂纹数量逐渐增多，且裂纹逐渐变长、变宽，进而逐渐合并。虽然缺口附近已存在明显的裂纹，但除氢合金最终沿着缺口根部的晶界断裂。从除氢合金的断裂过程中可以看出，该合金的断裂模式主要是沿晶断裂（图 4-24e），并且存在穿晶断裂（图 4-24f），这与置氢合金相似。除氢合金与置氢合金的区别主要是其塑性变形程度不同，除氢合金的塑性比置氢合金的塑性高，这也可以从两者的应力位移曲线中看出。以上结果表明除氢合金的断裂模式是沿晶与穿晶混合的韧性断裂。

4.6.5 原位拉伸试样的断口形貌

对未置氢、置氢 0.3% 及其除氢 Ti-6Al-4V 合金的拉伸断裂过程进行原位观察之后，利用 SEM 对其断口形貌进行观察，结果如图 4-25所示。每张断口图片上部的横线代表缺口根部的表面。由图 4-25 可以看出，未置氢、置氢 0.3% 及其除氢 Ti-6Al-4V 合金的断口形貌存在明显的不同。对于未置氢合金，裂纹源离缺口的根部有一定的距离，且裂纹是从试样内部扩展至外部。试样断口表面是典型的韧窝断裂形貌，这是由微孔的形成和合并导致的。韧窝的尺寸和深度随离缺口根部表面距离的增加而逐渐减小，表明塑性变形主要发生在缺口根部附近。所以，未置氢 Ti-6Al-4V 合金的断裂模式是由微孔的萌生与合并引起的韧性断裂。但是当合金置氢后，裂纹主要萌生于缺口根部

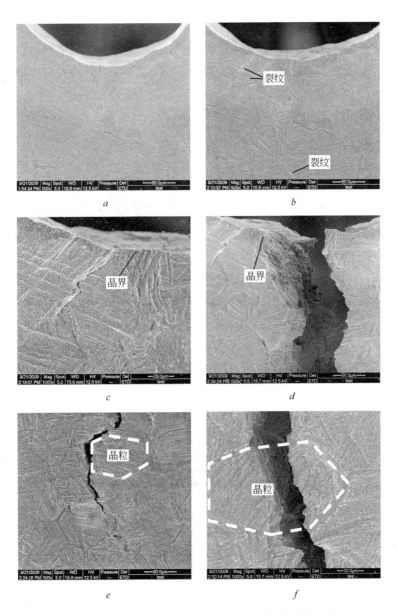

图 4-24 除氢 Ti-6Al-4V 合金原位拉伸试验的断裂过程

a—拉伸前；b—1307Pa；c—1312Pa；d—879Pa；e—879Pa；f—879Pa

图 4-25　未置氢、置氢 0.3% 及其除氢 Ti-6Al-4V 合金的原位拉伸断口形貌
a—未置氢；b—置氢；c—除氢

的表面上。由除氢合金的断口形貌可以看出，裂纹源位于离缺口根部表面一定距离处，这和未置氢合金相似。除氢合金的断口表面也是典型的韧窝形貌。所以除氢合金的断裂模式是沿晶与穿晶混合的韧性断裂。三种合金裂纹源的差异可以通过缺口附近的应力分布情况来解释。

4.6.6 有限元模拟结果分析

为了确定合金在原位拉伸过程中缺口附近的应力应变分布情况，作者利用 ANSYS 有限元模拟软件对合金的原位拉伸过程进行了有限元模拟。图 4-26 所示为拉伸过程中试样缺口根部的应力应变分布情况。有限元模拟过程中的载荷是指原位拉伸试样端面所受的载荷。虽然有限元模拟结果不能精确地模拟合金的真实断裂过程，但是可以对原位拉伸过程中不同载荷作用时缺口附近的应力应变分布情况进行定性分析。由图 4-26a 可以看出，应力 σ_x 沿着 y 轴方向的分布因施加载荷的不同而异。当载荷较低时，σ_x 的最大值位于缺口根部的表面上。但是随着载荷的增加，σ_x 的最大值从缺口根部沿着 y 轴方向往试样的内部偏移。当载荷达到 1332N 时，σ_x 最大值从缺口根部移至与缺口根部表面距离 0.56mm 处。由图 4-26b 可以看出，在不同载荷作用时，应力 σ_z 在缺口根部表面上沿着 z 轴方向的分布不同。当载荷较低时，σ_z 从试样的两个侧表面到试样的中部逐渐增加，在试样的中部只有一个峰值。随着载荷的增加，试样中部最大峰值两侧各出现一个峰值，但是其中一个峰值比另一个峰值略高。随着载荷的进一步增加，中部的峰与其旁边的峰发生重叠。原位拉伸试样缺口附近应力分布的有限元模拟结果可以很好地解释三种试样原位拉伸过程中裂纹源的差异。因为在三种试样的原位拉伸过程中置氢合金的应力最低，当置氢合金出现裂纹时，σ_x 最大值位于缺口根部的表面上。因此，置氢 Ti-6Al-4V 合金的裂纹源位于缺口根部表面上。但是未置氢及除氢 Ti-6Al-4V 合金的应力比置氢 Ti-6Al-4V 的高，导致 σ_x 最大值的偏移。当未置氢及除氢 Ti-6Al-4V 合金出现裂纹时，其最大 σ_x 值不在缺口表面上。因此，未置氢和除氢 Ti-6Al-4V 合金的裂纹源与缺口根部的表面有一定的距离。试样沿厚度方向的裂纹源分布情况主要是由应力 σ_z 沿 z 轴方向的分布情况决定的。应力峰值与原位拉伸过程中观察到的裂纹源位置一致。由图 4-26c 可以看出，在试样的原位拉伸过程中，在缺口根部表面的等效应变最大，这也与原位拉伸过程中观察到的试验结果一致。

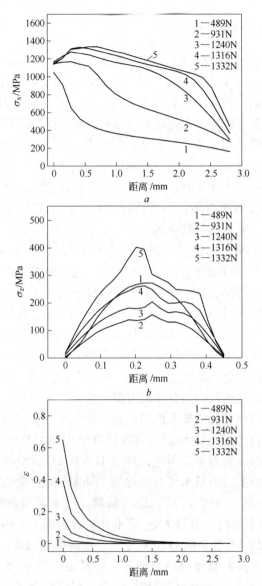

图 4-26　Ti-6Al-4V 合金拉伸过程有限元模拟结果

a—σ_x 通过缺口根部在不同载荷作用下沿 y 轴方向的分布；
b—σ_z 在缺口根部表面上在不同载荷作用下沿 z 轴方向的分布；
c—等效应变通过缺口根部在不同载荷作用下沿 y 轴方向的分布

由未置氢、置氢 0.3% 及其除氢 Ti-6Al-4V 合金的应力位移曲线及其断裂过程可以看出，三种合金的裂纹扩展速度不同。在置氢合金原位拉伸过程中，裂纹扩展速度很快，试样几乎瞬间断裂。除氢合金的裂纹扩展速度最慢，而未置氢合金的裂纹扩展速度介于置氢合金与除氢合金之间。对于除氢合金，主裂纹从 A 点扩展至 B 点需要 82s（图 4-21）。由于其较低的裂纹扩展速率，除氢合金变形时裂纹容易被发现，可以及时地发现并预防事故的发生。所以，除氢对钛合金的使用性能起一定的有益作用。

5 置氢钛合金的室温压缩性能

5.1 引言

钛合金的室温成型不需要采用昂贵而笨重的加热设备，并且所生产的零件力学性能好，精度高，表面质量好，生产效率高，特别适合大批量生产，是制造钛合金零件的最经济的手段。但除纯钛和一些高度合金化的 β 钛合金外，其他钛合金在室温下工艺塑性很低，无法采用室温塑性加工手段进行加工。所以，为了满足我国航空航天工业发展的需求，急需进一步开展钛合金室温塑性成型技术的基础研究工作，尽快实现钛合金室温塑性成型技术的应用。

压缩变形是材料的一种最基本力学行为。采用不同的塑性成型方法，材料在变形过程中所受的应力状态是不同的，例如拉拔、镦粗等方法。当采用拉拔方法成型时，试样主要在拉应力的作用下成型，而当采用镦粗方法成型时，试样则主要在压应力的作用下成型。众所周知，材料的受力状态不同时，其力学性能存在差异，在第 4 章已介绍了氢对 Ti-6Al-4V 合金室温拉伸变形行为的影响，本章将介绍氢对 Ti-6Al-4V 合金室温压缩性能的影响，该研究对材料的锻造类成型方法具有普遍的意义。

因此，作者对未置氢及不同氢含量的置氢 Ti-6Al-4V 合金进行室温压缩试验，得到不同应变速率下 Ti-6Al-4V-xH 合金的真实应力应变曲线和力学性能指标，分析氢含量和应变速率对 Ti-6Al-4V 合金室温压缩性能的影响规律，建立 Ti-6Al-4V-xH 合金压缩真实应力应变关系的数学模型，并对其断口形貌和变形后的微观组织进行观察和分析。为了进一步研究变形速率对 Ti-6Al-4V-xH 合金室温压缩性能的影响，作者对 Ti-6Al-4V-xH 合金进行磁脉冲高速压缩试验，以揭示高变形速率对 Ti-6Al-4V-xH 合金室温压缩性能的影响规律。

另外，本章还将对置氢 Ti-6Al-4V 合金室温拉伸性能和压缩性能的不同影响规律进行分析，揭示置氢钛合金室温塑性变型的改性机理，并建立理论模型。最后，根据作者的试验结果确定置氢钛合金在高、低变形速率下室温塑性成型的最佳条件。

5.2　性能测试方法

5.2.1　室温压缩试验

利用 ZWICK/Z100 型材料试验机对合金进行室温压缩试验，压缩试样的尺寸为 $\phi 4mm \times 6mm$，压缩速度分别为 0.05mm/min、0.5mm/min 和 5mm/min。

压缩试验过程中，压头与试件端面之间存在很大的摩擦力，这不仅影响试验结果，而且还会改变断裂形式。为了减小压缩时压头与试样接触面上的摩擦力，试件的两端面必须平整，并在试样端面均匀涂敷润滑剂，本试验采用的润滑剂为二硫化钼。

在压缩试验过程中，通过计算机系统自动控制位移、速度等变形条件，并记录载荷和位移等数据。根据载荷、位移数据及试样在变形过程中的体积不变原则，利用式（4-1）和式（4-2）计算并绘制合金的真实应力应变曲线。

金属的塑性指标是以材料发生破坏时的塑性变形量来表示的。压缩试验时材料的塑性指标为试样的侧表面初始裂纹出现时的变形率。压缩试验过程中，将试样在材料试验机上进行压缩，直至试样侧表面出现肉眼能观察到的第一条裂纹为止。将此时试样的塑性变形量定义为材料压缩时的塑性指标，即极限变形率（ε_c），如式（5-1）所示。

$$\varepsilon_c = \frac{H_k - H_0}{H_0} \times 100\% \qquad (5\text{-}1)$$

式中　H_0——试样的原始高度；

　　　H_k——试样侧表面出现第一条宏观裂纹时试样的高度。

在压缩试验过程中，利用 ZWICK/Z100 型材料试验机的多媒体测试功能，将试验过程中试样侧表面的变化情况同步拍摄下来，并在试验结束后将载荷和位移等数据与试样侧表面的变化情况同步回放分析（如图 5-1 所示），找出试样侧表面初始裂纹出现时的时刻，将此时试样的变形量作为试样初始裂纹出现时的极限变形率。

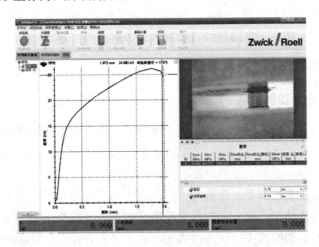

图 5-1 压缩试验过程中试样侧表面的变化情况与载荷位移曲线的同步分析

5.2.2 磁脉冲压缩试验

利用自制的 EMF30/5 型电磁成型机对 A 组 Ti-6Al-4V-xH 合金进行了磁脉冲压缩试验，以研究合金在高速率下的压缩变形性能。该设备的参数如表 5-1 所示，试验设备如图 5-2 所示，由电磁成型机、高压脉冲触发器、模具和线圈等部分组成。其中，模具的形状及尺寸如图 5-3 所示。试样的尺寸为 ϕ4mm×6mm。试验前在试样表面均匀涂敷 MoS_2 润滑剂，以减小试样与冲头和垫板之间的摩擦力。在磁脉冲压缩试验过程中，试样处于瞬间的单轴压缩状态，利用示波器测定试样变形过程所需的时间，通过测量变形前后试样的高度变化确定各试样的变形率。在各试样的磁脉冲压缩试验过程中，所用的电容均为 2660μF，选择不同的放电电压以确定在不同放电能量条件下各试样的变形率以及其极限变形率。

表 5-1 电磁成型机的参数

设备型号	最大电容/μF	最大电压/kV	最大能量/kJ
EMF 30/5-IV	2660	5	33.25

图 5-2 磁脉冲压缩试验装置

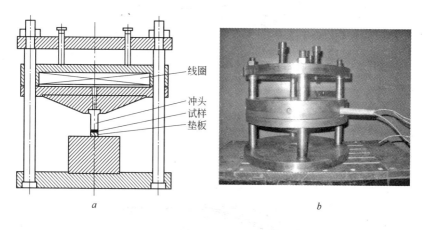

图 5-3 磁脉冲压缩试验时所用模具结构的示意图及实物图

a—示意图；*b*—实物图

5.3 氢含量对 Ti-6Al-4V 合金室温压缩性能的影响

Ti-6Al-4V-*x*H 合金室温压缩试验的真实应力应变曲线如图 5-4 和图 5-5 所示。由图可知，置氢后，合金的室温性能发生了变化，特别是合金的塑性发生了明显的变化。随氢含量的增加，合金的塑性逐渐增加，在氢含量达到一定值后，塑性又逐渐降低。试验结果表明，合适的氢含量可以改善 Ti-6Al-4V 合金的室温压缩性能。

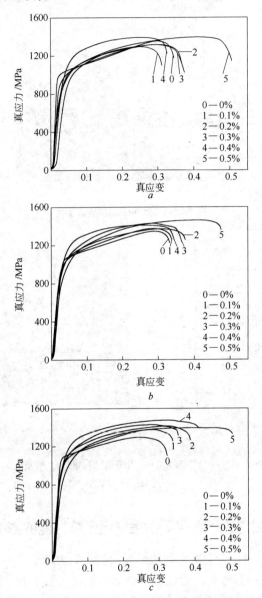

图 5-4　A 组 Ti-6Al-4V-*x*H 合金压缩真实应力应变曲线

a—0.05mm/min；*b*—0.5mm/min；*c*—5mm/min

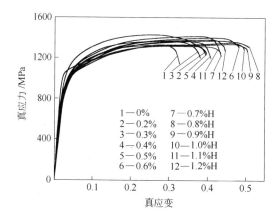

图 5-5　B 组 Ti-6Al-4V-xH 合金压缩真实应力应变曲线（0.5mm/min）

对 Ti-6Al-4V-xH 合金的极限变形率、抗压强度、屈服强度和弹性模量等室温压缩性能指标进行测量和计算，以揭示氢含量和压缩速率对 Ti-6Al-4V 合金的室温压缩性能的影响规律。

5.3.1　极限变形率

极限变形率是指试样侧表面初始裂纹出现时的变形率。Ti-6Al-4V-xH 合金的极限变形率如图 5-6 所示。可以看出，经置氢工艺处理后，Ti-6Al-4V-xH 合金的极限变形率发生了明显的变化。随氢含量的增加，A 组 Ti-6Al-4V-xH 合金的极限变形率逐渐增大，但是当氢含量低于 0.4% 时，极限变形率的增幅不明显，当氢含量为 0.5% 时，合金的极限变形率增幅最大，分别为 38.8%（0.05mm/min）、34.5%（0.5mm/min）和 56.3%（5mm/min）。压缩速度对极限变形率的影响不明显。随氢含量的增加，B 组 Ti-6Al-4V-xH 合金的极限变形率呈先增加后降低的趋势，最大增幅达到 45.4%，最佳氢含量为 0.6%~0.8%。压缩试验结果表明，适量的氢含量显著改善了 Ti-6Al-4V 合金的室温压缩塑性。

5.3.2　抗压强度

抗压强度是指试样在压缩过程中的极限承载能力。Ti-6Al-4V-xH

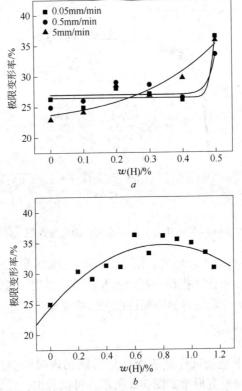

图 5-6　Ti-6Al-4V-xH 合金的极限变形率与氢含量的关系
a—A 组；b—B 组

合金的抗压强度如图 5-7 所示。可以看出，经置氢工艺处理后，合金的抗压强度发生明显的变化。随氢含量的增加，A 组 Ti-6Al-4V-xH 合金的抗压强度逐渐增大，当氢含量为 0.5% 时，抗压强度的增幅分别达到 18.4%（0.05mm/min）、24.7%（0.5mm/min）和 33.9%（5mm/min）。随着氢含量的增加，B 组 Ti-6Al-4V-xH 合金的抗压强度呈先增加后降低的趋势，氢含量为 0.6%～0.8% 时，合金的抗压强度最高，最大增幅达 23%。所以，氢提高了 Ti-6Al-4V 合金的抗压强度。

5.3.3　屈服强度

由合金的压缩真实应力应变曲线可以看出，试样没有明显的屈服

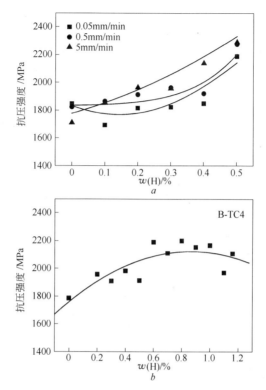

图 5-7　Ti-6Al-4V-xH 合金的抗压强度与氢含量的关系

a—A 组；b—B 组

点。所以，合金的屈服强度以产生 0.2% 变形时的应力值表示。Ti-6Al-4V-xH 合金的屈服强度如图 5-8 所示。置氢后，合金的屈服强度也发生明显变化。随着氢含量的增加，A 组 Ti-6Al-4V-xH 合金的屈服强度逐渐降低，最大降幅分别达 30.1%（0.05mm/min）、32.8%（0.5mm/min）和 27.5%（5mm/min）。压缩速度对屈服强度的影响不明显。随着氢含量的增加，B 组 Ti-6Al-4V-xH 合金的屈服强度逐渐降低，当氢含量达到 0.6% 时，合金屈服强度的降幅最大，达到46.7%，当氢含量超过 0.6% 时，屈服强度又逐渐增大。

5.3.4　弹性模量

弹性模量是指在弹性变形阶段，合金所受的应力与其所产生的应

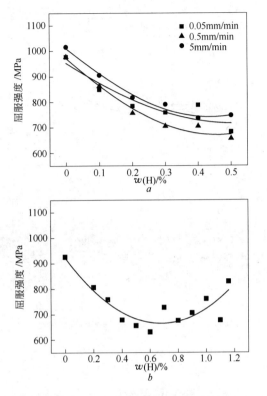

图 5-8　Ti-6Al-4V-xH 合金的屈服强度与氢含量的关系

a—A 组；b—B 组

变之比。Ti-6Al-4V-xH 合金的弹性模量如图 5-9 所示。随着氢含量的增加，A 组合金的弹性模量逐渐降低，最大降幅达 55.2%（0.05mm/min），4.3%（0.5mm/min）和 27.6%（5mm/min）；压缩速度对合金弹性模量的影响不明显。随氢含量的增加，B 组合金的弹性模量大致呈逐渐降低的趋势，最大降幅达 39.4%。

5.4　Ti-6Al-4V-xH 合金室温压缩变形应力应变曲线数学模型

作者在 Ti-6Al-4V-xH 合金室温压缩试验结果的基础上，建立了真应变和氢含量等参数与真应力关系曲线的数学模型，从而为不同氢含量 Ti-6Al-4V 合金室温压缩成型工艺和数值模拟提供依据。

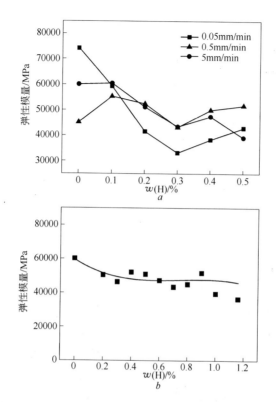

图 5-9 Ti-6Al-4V-xH 合金的弹性模量与氢含量的关系

a—A 组；b—B 组

由 Ti-6Al-4V-xH 合金的压缩变形应力应变曲线可以看出，其特征与拉伸变形应力应变曲线的特征相同。所以，其数学模型的建立方法和步骤与合金拉伸变形应力应变曲线数学模型的建立方法和步骤相同。本书仅给出 Ti-6Al-4V-xH 合金室温压缩变形应力应变曲线数学模型的公式。

Ti-6Al-4V-xH 合金室温压缩变形应力应变曲线数学模型是：

（1）弹性区：

$$\sigma = E\varepsilon$$

式中，A 置氢规范：$E = 55442.4 - 59677.4x + 110446.6x^2$

B 置氢规范：$E = 59612.6 - 53718.2x + 75551.9x^2 - 33929.7x^3$

（2）塑性区：

$$\sigma = \sigma_{0.2} + k(\varepsilon - \varepsilon_{0.2})^n$$

式中，A 置氢规范：

$$\sigma_{0.2} = 967.9 - 1188.9x + 1177.6x^2$$

$$\varepsilon_{0.2} = 0.0218 - 0.0562x + 0.235x^2 - 0.309x^3$$

$$n = 0.544 - 1.486x + 2.121x^2$$

$$k = 756.5 + 1569.6x - 1020.9x^2$$

B 置氢规范：

$$\sigma_{0.2} = 0.0176 + 0.00074x - 0.01295x^2 + 0.0127x^3$$

$$\varepsilon_{0.2} = 923.4 - 760.7x + 560.3x^2$$

$$n = 0.409 - 0.395x + 0.307x^2$$

$$k = 702.8 + 2794.1x - 5082.1x^2 + 2521.8x^3$$

5.5　压缩变形后合金的断口形貌及组织分析

Ti-6Al-4V-xH 合金压缩变形后的宏观照片和微观形貌如图 5-10 所示。在压缩变形过程中，不同氢含量的 Ti-6Al-4V-xH 合金均沿最大剪应力方向断裂，即合金的宏观断口平面与压缩轴线呈 45°角，断

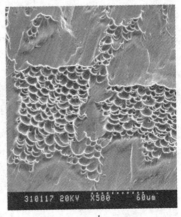

图 5-10　Ti-6Al-4V-xH 合金压缩变形后的宏观及微观形貌

a—宏观形貌；b—微观形貌

口呈锋利的楔形。Ti-6Al-4V-xH 合金的压缩断口均由两部分组成：韧窝区和剪切区。

　　Ti-6Al-4V-xH 合金压缩变形后的剖面组织形貌如图 5-11 所示。可以看出，Ti-6Al-4V-xH 合金在静态压缩变形后，由于塑性变形使晶粒发生变形，静态压缩变形是均匀的，未观察到绝热剪切带。

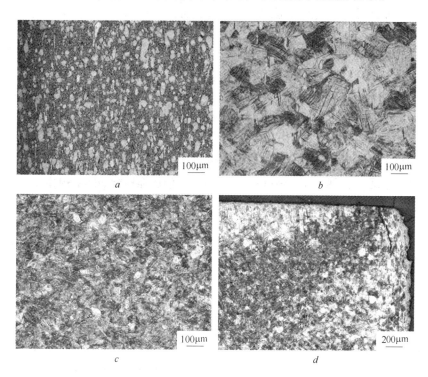

图 5-11　Ti-6Al-4V-xH 合金压缩变形后的金相照片
a—0.0H；b—0.3H；c—0.6H；d—0.6H

5.6　氢对 Ti-6Al-4V 合金高速压缩性能的影响

　　虽然许多研究者在利用热氢处理技术改善钛合金的性能方面做了大量的研究工作，但是应变速率对置氢钛合金室温成型性能的影响还有待进一步研究。众所周知，不同的塑性成型方法其成型速率有很大的差别。许多先进的成型方法，例如磁脉冲成型、电液成型、爆炸成型等高能率成型方法，其成型速度较高。其中磁脉冲成型（electromagnetic forming），亦称电磁成型，是20世纪60年代作为金属零件的成型和装配技术而发展起来的一种先进的成型方法，它是利用脉冲电容器瞬间释放储存的能量，通过线圈产生强而短促的磁场，同时在金属毛坯上产生感应磁场，利用脉冲磁场力使金属成型。这种方法比爆炸成型安全，比电液成型方便，是目前应用最为广泛的高能率成型（high energy rate forming）方法之一。目前，磁脉冲成型技术主要应用于航空、航天、汽车等工业领域。所以，有必要进一步研究高应变速率对置氢钛合金室温压缩性能的影响。

作者对 Ti-6Al-4V-xH 合金进行磁脉冲压缩试验，以研究高变形速率对置氢钛合金变形率的影响，并对其断口形貌及变形后合金的微观组织进行观察和分析，以揭示其高速压缩变形机理。最后，将其压缩性能和静态下 Ti-6Al-4V-xH 合金的压缩性能进行对比，以揭示应变速率（低速、高速）对 Ti-6Al-4V-xH 合金室温压缩性能的影响规律。

5.6.1 磁脉冲压缩性能分析

利用磁脉冲成型方法对 A 组 Ti-6Al-4V-xH 合金进行了室温高速压缩变形，其压缩性能如表 5-2 所示。可知，当放电电压为 0.9kV 时，在未置氢和不同氢含量 Ti-6Al-4V-xH 合金的侧表面上均没有发现裂纹，说明此时各试样均没有达到其极限变形。随着氢含量的增加，合金的变形率呈现先增加后降低的趋势。当氢含量为 0.2% 时，合金的变形率最大，增幅达 46.8%。结果表明，当磁脉冲成型设备的放电能量一定时，适量的氢可以提高 Ti-6Al-4V 合金的变形率。结果还表明，合适的氢含量对 Ti-6Al-4V 合金在高应变速率下的压缩变形存在有益的影响，可以改善钛合金的室温塑性加工性能，并可以降低对成型设备和模具等的要求。

表 5-2 A 组 Ti-6Al-4V-xH 合金磁脉冲压缩力学性能

$w(H)/\%$	放电电压 /kV	应变速率/s^{-1}	变形率/%	侧表面是否出现裂纹	是否达到极限变形
0.0	0.9	15.4	10.0	否	
0.0	1.0	26.7	17.4	否	

续表 5-2

$w(H)$/%	放电电压 /kV	应变速率/s^{-1}	变形率/%	侧表面是否 出现裂纹	是否达到 极限变形
0.0	1.1	39.5	25.7	否	
0.0	1.125	46.6	30.3	否	√
0.0	1.15	63.2	41.1	是	
0.0	1.2	67.8	44.1	是	
0.1	0.9	19.2	12.5	否	
0.1	1.0	29.3	19.0	否	
0.1	1.1	47.7	31.0	否	√
0.1	1.125	58.7	38.1	是	
0.1	1.15	71.1	46.2	是	
0.1	1.2	75.4	49.0	是	
0.2	0.9	22.7	14.7	否	
0.2	0.95	23.8	15.4	否	
0.2	0.975	29.2	19.0	否	√
0.2	1.0	50.0	32.5	是	
0.2	1.1	56.4	36.7	是	
0.3	0.9	17.7	11.5	否	
0.3	0.925	22.8	14.8	否	√
0.3	0.95	38.2	24.8	是	
0.3	1.0	27.2	17.7	是	
0.3	1.1	62.7	40.8	是	
0.4	0.9	17.0	11.0	否	
0.4	0.95	18.0	11.7	否	
0.4	0.975	22.1	14.3	否	√
0.4	1.0	60.4	39.3	是	
0.4	1.1	—	—	是	
0.5	0.9	16.8	10.9	否	
0.5	0.95	20.1	13.0	否	
0.5	1.0	31.8	20.7	否	
0.5	1.0	25.0	16.3	否	
0.5	1.025	29.1	19.0	否	√
0.5	1.05	47.2	30.7	是	
0.5	1.1	43.6	28.4	是	

对于相同氢含量的试样, 其变形率随着放电电压的提高而增大, 这是由磁脉冲压缩变形时设备放电能量的增加造成的。当放电能量达到一定值时, 试样由于其承受能力的限制达到其极限变形程度而发生断裂, 但是各试样达到其极限变形时所需的放电能量不同。由表 5-2 可以看出, 未置氢合金达到其极限变形时所需的放电能量相对较高, 表明置氢合金的变形抗力较低, 相对于未置氢合金比较容易发生塑性变形, 这是由于合金中较软的 β 相含量增加所致。

在利用磁脉冲压缩变形时, Ti-6Al-4V-xH 合金初始裂纹出现前的极限变形率如表 5-2 所示。置氢 0.1% 时, 合金的极限变形率比未置氢合金的极限变形率增加了 2.3%。但是在合金中的氢含量超过 0.1% 后, 合金的极限变形率反而有明显的降低, 最高降幅达 52.7%。结果表明, 合适的氢含量对 Ti-6Al-4V 合金在高速压缩变形时的极限变形率也存在有益的影响, 但此时合金的氢含量较低, 且其极限变形率的增幅不明显。在静态压缩变形时, 未置氢和不同氢含量置氢合金的极限变形率与磁脉冲压缩变形时合金的极限变形率有明显的不同, 两者的对比如图 5-12 所示。当氢含量低于 0.1% 时, 置氢合金在静态和磁脉冲压缩变形时的极限变形率均比未置氢合金的极限变形率高, 且磁脉冲压缩变形时合金的极限变形率均高于静态压缩变形

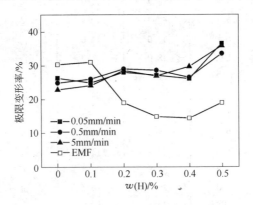

图 5-12 A 组 Ti-6Al-4V-xH 合金在静态压缩及
磁脉冲压缩变形时的极限变形率

时相应合金的极限变形率。但是在氢含量超过 0.1% 后，磁脉冲压缩变形时置氢合金的极限变形率却均低于静态压缩变形时相应合金的极限变形率。结果表明，较高的氢含量不利于 Ti-6Al-4V 合金的高速压缩变形。

由静态压缩及磁脉冲高速压缩的试验结果可以看出，应变速率对 Ti-6Al-4V-xH 合金的室温压缩性能有不同的影响规律。因此，在利用不同的塑性成型方法加工 Ti-6Al-4V-xH 合金时，应选择不同氢含量的合金。当合金在静态速率下压缩成型时，应选较高氢含量的合金。但是当合金在高应变速率下压缩成型时，应选择较低氢含量的合金。利用磁脉冲成型方法加工 Ti-6Al-4V-xH 合金时的最佳条件是：氢含量为 0.1%，放电电压为 1.1kV。

5.6.2 磁脉冲压缩断口观察

未置氢及置氢 Ti-6Al-4V-xH 合金磁脉冲压缩变形后的照片如图5-13所示。由图可见，随放电电压的增加，合金的变形量逐渐增大。当放电能量达到一定值时，试样沿45°角方向断裂，这是因为试样在压缩过程中，沿45°方向的剪应力最大，导致试样在压缩变形过

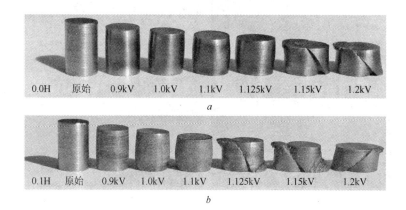

图 5-13　A 组 Ti-6Al-4V-xH 合金磁脉冲压缩变形后的照片
a—0.0H；b—0.1H

程中沿45°方向断裂，这与合金在静态压缩变形时的断裂特征是相同的。

　　Ti-6Al-4V-xH合金磁脉冲压缩变形后，其断口形貌如图5-14和图5-15所示。由图可以看出，断口表面沿最大剪切力方向伸展，合金的磁脉冲压缩断口由两部分组成：一是抛物线状的韧窝区；二是较光滑的剪切区。剪切区是由两断裂面的摩擦形成的，由于在高速率变形时合金中的温度较高，此时合金的断裂面较软，剪切区一般对应的是脆性断裂。而韧窝是在拉应力的作用下形成的，一般对应的是韧性断裂。低氢含量和高氢含量Ti-6Al-4V合金的磁脉冲压缩断口有两个明显的区别：一是其韧窝的大小不同，置氢0.1%合金的韧窝比置氢0.4%合金的韧窝大；二是其韧窝区和剪切区所占的比例不同，置氢0.1%合金的断口表面韧窝区所占的比例明显高于置氢0.4%合金断口表面韧窝区所占的比例。断口形貌的上述两个特征表明，氢含量较低的合金在高速率下压缩变形时极限变形率较高。这与Ti-6Al-4V-xH合金在磁脉冲压缩变形时的极限变形率试验结果是一致的。

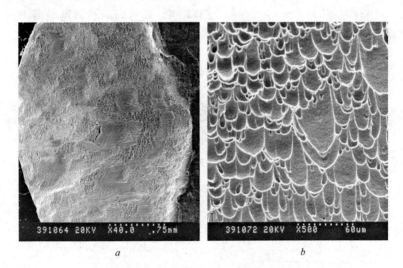

a　　　　　　　　　　　　　　　　*b*

图5-14　Ti-6Al-4V-0.1H合金的磁脉冲压缩断口形貌（1.15kV）

a—低倍；*b*—高倍

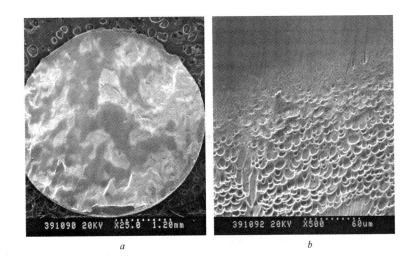

a   *b*

图 5-15   Ti-6Al-4V-0.4H 合金的磁脉冲压缩断口形貌（1.0kV）

a—低倍；*b*—高倍

5.6.3   磁脉冲压缩变形后合金的组织分析

磁脉冲压缩变形后，将未置氢及不同氢含量的置氢 Ti-6Al-4V 合金沿剖面切开，经过研磨、抛光、腐蚀后，利用金相显微镜和扫描电子显微镜对其微观形貌进行观察，结果如图 5-16 和图 5-17 所示。图 5-16 中的空白区域表示组织是均匀的，没有明显的变化。

由图 5-16 和图 5-17 可以看出，利用磁脉冲成型方法使 Ti-6Al-4V-xH 合金压缩变形时，在各试样达到其极限变形之前，均可以观察到两条相交的白色绝热剪切带，其延伸方向与压缩方向大致呈 45°角相交，并且在绝热剪切带中发现微孔洞和微裂纹，没有发现宏观裂纹。随着氢含量的增加，绝热剪切带变得越来越不明显。在各试样达到其极限变形之后，在其剖面组织中均观察到明显的绝热剪切带，但此时仅能发现一条绝热剪切，其延伸方向也与压缩方向呈 45°角，且可以观察到沿绝热剪切带的宏观裂纹，裂纹的宽度随氢含量的增加而逐渐变窄，从 0.702mm（未置氢合金）减小至 0.198mm(0.5H)。

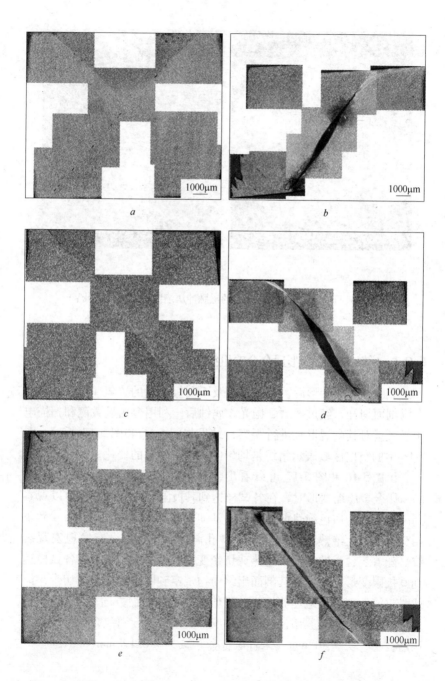

a

b

c

d

e

f

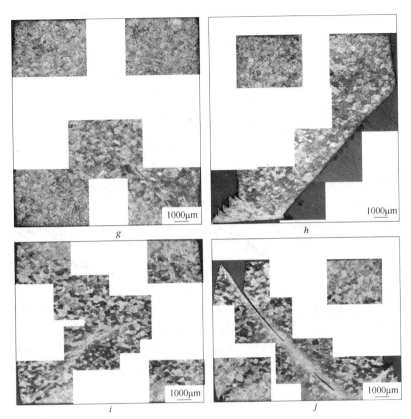

图 5-16 A 组 Ti-6Al-4V-xH 合金磁脉冲压缩变形后的剖面组织形貌

a—0. 0H，1. 125kV；b—0. 0H，1. 15kV；c—0. 1H，1. 1kV；d—0. 1H，1. 125kV；
e—0. 2H，0. 975kV；f—0. 2H，1. 0kV；g—0. 3H，0. 925kV；h—0. 3H，0. 95kV；
i—0. 5H，1. 025kV；j—0. 5H，1. 05kV

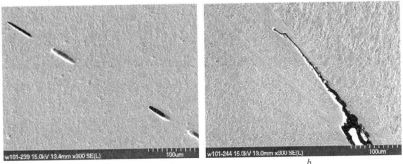

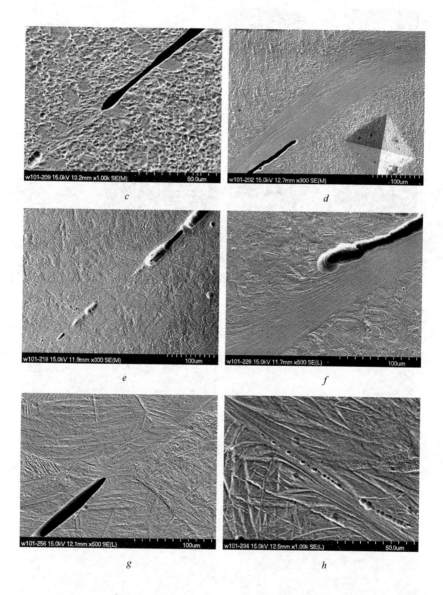

图 5-17　A 组 Ti-6Al-4V-xH 合金中绝热剪切带的 SEM 照片

a—0. 0H, 1. 125kV; b—0. 0H, 1. 15kV; c—0. 1H, 1. 1kV; d—0. 1H, 1. 125kV;

e—0. 2H, 0. 975kV; f—0. 2H, 1. 0kV; g—0. 3H, 0. 925kV; h—0. 5H, 1. 025kV

利用维氏硬度计对 Ti-6Al-4V-xH 合金绝热剪切带及其附近基体的硬度进行了测量，结果如图 5-18 所示。绝热剪切带的硬度高于其周围基体的硬度。这是在磁脉冲压缩变形过程中由应变率硬化、应变硬化和由绝热温升引起的热软化等相互作用的结果。

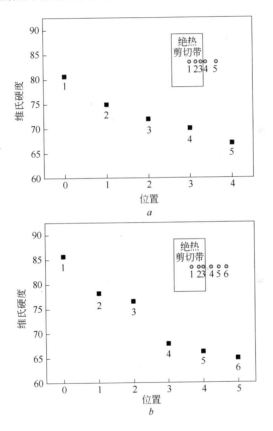

图 5-18 A 组 Ti-6Al-4V-xH 合金绝热剪切带附近的硬度

a—0.0H, 1.15kV; b—0.1H, 1.125kV

Ti-6Al-4V-xH 合金中绝热剪切带的产生是在冲击载荷的作用下，由于高应变速率变形、合金较差的热传导性能及较差的应变硬化能力[123,124]，合金在局部区域中产生的热来不及散失而产生的一种局部塑性失稳现象。在高应变速率下变形时，Ti-6Al-4V 合金对绝热剪切带的产生很敏感。在绝热剪切带与其周围基体材料间有明显的边界，且绝热剪切带的硬度高于带外基体组织的硬度。在光学显微镜下，可以观察到剪切带带内的组织呈白色。在扫描电镜下，可以看出带内的组织被剧烈拉长，甚至碎化，而带外组织的变形则小得多。由此可以确定 Ti-6Al-4V-xH 合金在磁脉冲压缩变形时所产生的剪切带是形变带。由 Ti-6Al-4V-xH 合金达到其极限变形前后绝热剪切带的变化可以看出，绝热剪切带的形成是一个由萌生、扩展至完全发展组成的过程。

各 Ti-6Al-4V-xH 合金在磁脉冲压缩变形过程中的微观损伤形式基本相同，都是由绝热剪切带、微孔洞及微裂纹组成。在绝热剪切带的内部存在微孔洞和微裂纹，说明绝热剪切带是合金的薄弱环节，合金的破坏优先在绝热剪切带的内部产生。微孔洞的孔壁较光滑，说明剪切带内的材料较软并且温度较高[125]。从形貌上看，微孔洞有呈球形和椭球形两种，椭球形孔洞的长轴与绝热剪切带的延伸方向相同，且其宽度与绝热剪切带的宽度相当，如图 5-17所示。

绝热剪切带的破坏是由其内部微孔洞的形核、长大和连接形成裂纹等过程实现的。微孔洞是在拉应力的作用下，绝热剪切带内的高温点处形核，熔融状态下合金中的微孔洞一般呈球形，这是由最小功原理决定的，如图 5-17h 所示。当球形孔洞发展到一定程度时，由于受到绝热剪切带周围基体材料的约束，难以朝垂直于绝热剪切带的延伸方向发展，只能朝平行于绝热剪切带的延伸方向发展，故形成了椭球形孔洞，如图 5-17a 所示。椭圆形孔洞逐渐长大，进而相互连接成裂纹，剪切带逐步被破坏，进而导致合金最终沿着绝热剪切带断裂，部分裂纹的前端还可以看出孔洞的形状，如图 5-17f 所示。

随着氢含量的增加，合金中的绝热剪切带变得越来越不明显，且其裂纹宽度越来越小，说明合金的绝热剪切敏感性逐渐减弱。产生这种现象的原因与合金的热传导性能有关。氢的加入提高了钛合金的热导率，改善了钛合金的散热能力[126]，如图 5-19所示。因此，随着氢含量的增加，合金的绝热剪切带变得越来越不明显，并且绝热剪切带内的裂纹宽度变窄。

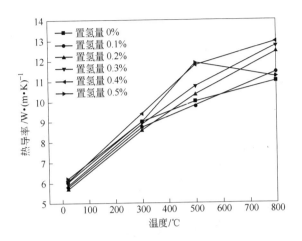

图 5-19 Ti-6Al-4V-xH 合金的热导率随温度的变化曲线[126]

在高速压缩过程中，等轴组织具有较强的抗裂纹萌生的能力，而片状组织则较差，导致等轴组织具有较高的塑性，而片状组织的塑性则较低。可以看出，组织形貌对合金的高速压缩性能有极大的影响。

5.7 置氢 Ti-6Al-4V 室温拉伸与压缩性能改性机理

由 Ti-6Al-4V-xH 合金的室温拉伸及压缩试验结果可以看出，氢含量对 Ti-6Al-4V 合金的室温拉伸性能和压缩性能有截然不同的影响规律。氢使 Ti-6Al-4V 合金的室温拉伸性能逐渐恶化，但是合适的氢含量可以改善 Ti-6Al-4V 合金的室温压缩性能。结果表明，氢含量和试样的受力状态对 Ti-6Al-4V 合金室温力学性能均存在重要的影响。

氢含量对钛合金室温力学性能的影响有两个方面：一是由固溶态氢引起的内在影响；二是由氢致相变和微观组织变化引起的间接影响。少量的氢（低于合金的饱和固溶度）加入钛合金中，将全部以间隙方式溶入钛合金中，而不会明显改变合金的相组成和显微组织。图 5-20 为 Ti-H 二元系相图[8]。由图可知，氢在密排六方结构的 α 相中的溶解度很小，最大仅为 7.9%（原子分数），但氢在体心立方结构

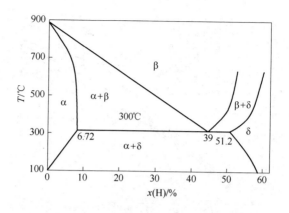

图 5-20　Ti-H 二元系相图[8]

的 β 相中有很高的溶解度，可吸收约 50%（原子分数）的氢，而且氢在钛中的扩散速度很快。所以，氢可以很容易地渗入钛合金中。当氢原子进入钛原子的间隙位置时，可以产生很大的压力，使合金的屈服应力下降[7]。另外，氢进入钛合金后，削弱了钛原子之间的键合作用，降低了结合能，从而使合金的弹性模量下降。氢进入钛的间隙位置后会产生局部膨胀，使钛原子的晶格产生畸变，点阵常数增大，畸变能升高，从而影响钛合金的力学性能。Ti-6Al-4V-0.1H 合金的微观组织与未置氢 Ti-6Al-4V 合金的微观组织相似。所以，氢含量较低时，合金力学性能的改变主要是由固溶态氢所引起的。随着钛合金中氢含量的增加，合金的相组成和微观组织发生变化，进而间接地影响合金的力学性能。组织的形态、相的含量以及各自的性能等都对合金的力学性能有重要的影响。氢作为 β 相稳定元素，可以有效地降低 β 相的转变温度，增加淬火合金中塑性 β 相的数量，使 β 相稳定到更低的温度。由于 β 相为体心立方晶体结构，滑移系的个数（12 个）比密排六方晶体结构的 α 相（3 个）多。所以，β 相具有良好的塑性加工能力。置氢 Ti-6Al-4V 合金中塑性 β 相含量的增加是导致 Ti-6Al-4V-xH 合金压缩变形时极限变形率提高的原因之一。Ti-6Al-4V-xH 合金中 β 相含量的增加，导致 β 相内部合金元素的含量减少，β 相依靠合金固溶强化的效果下降，使位错滑移阻力降低。氢可以促进位错的增殖和运动，使位错迁移率增加，位错数量增加，并能引起更多的滑移系和双晶系，这对于钛合金的塑性变形是有利的。氢含量超过合金的饱和固溶度后，在基体中析出脆性的氢化物相，对合金的塑性有不利的影响。

在 Ti-6Al-4V-xH 合金的室温塑性变形过程中，当其受力状态不同时，氢对合金力学性能的影响规律不同。当试样受拉应力作用时，氢使其力学性能恶化；而当试样在压应力的作用下变形时，氢可以改善其力学性能。Ti-6Al-4V-xH 合金室温拉伸性能恶化的原因是在拉应力作用下，随着氢含量的增加，晶间变形所起的作用逐渐增强。拉应力会加速晶界处裂纹的萌生和扩展，并促进晶间变形。晶界或相界通常是合金中最薄弱的区域，而且氢含量的增加使晶界或相界变得更加薄弱。随着氢含量的增加，Ti-6Al-4V 合金中固溶态氢和氢化物在晶界处聚集，且其含量逐渐增多，致使晶界处的结合力越来越弱。虽然合金中塑性较好的 β 相含量逐渐增多，但是裂纹首先在最薄弱的地方萌生、扩展。所以，当合金在拉应力的作用下塑性变形时，晶间变形所起的作用随氢含量的增加而逐渐增强，导致合金的拉伸性能逐渐恶化，此时起主要作用的是由固溶氢和氢化物引起的晶间变形，塑性 β 相的作用没有充分发挥。应变速率越低，合金的伸长率也越低。这是由于钛晶格间隙中的氢原子在拉应力的作用下发生了再分布，扩散并集中于应力集中处，在此处氢原子与位错发生交互作用，而使位错被钉扎住不能自由运动，导致合金的伸长率下降。应变速率越低，则氢的扩散时间越长，导致在应力集中处氢的浓度更高，从而使合金的伸长率更低。

而压应力可以抑制或削弱裂纹的萌生和扩展，所以压应力可以减少合金的晶间变形。当合金中的氢含量较低时，固溶态氢和氢化物对合金的力学性能影响较小，这是因为它们的含量较少，并且没有连续地分布于晶界处。所以，当合金中的氢含量较低时，影响合金压缩性能的主要因素是晶内变形。由于合金中塑性 β 相的含量随氢含量的增加而逐渐增多，导致合金的塑性明显提高。虽然固溶态氢和氢化物等起到了提高合金强度的作用，但是合金中较软的 β 相和 α″马氏体相含量的增加可以使合金的强度降低。所以，合金的抗压强度的改变是各因素综合影响的结果，最终导致合金的强度增幅不明显。但是随氢含量的增加，晶界处氢化物含量的逐渐增加，导致晶间变形在压缩变形过程中所起的作用逐渐增加，合金的塑性逐渐下降，此时脆性的氢化物相对合金的压缩性能所起的作用逐渐增强。综上所述，β 相可以改善合金的塑性，但是脆性的氢化物相对合金的性能是不利的，合金的室温力学性能主要是 β 相和氢化物两者共同作用的结果，导致在压缩变形过程中存在最大的极限变形率，进而导致最佳氢含量的存在。置氢 Ti-6Al-4V 合金在不同的氢含量和应力状态下变形时的示意图如图 5-21 所示。

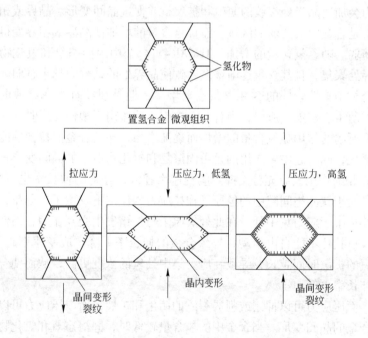

图 5-21　在拉应力和压应力作用下置氢 Ti-6Al-4V 合金室温变形示意图

5.8　置氢 Ti-6Al-4V 合金最佳室温塑性成型条件

由 Ti-6Al-4V-xH 合金的室温静态拉伸、压缩以及磁脉冲高速率压缩等试验结果可以看出，氢不利于 Ti-6Al-4V 合金的拉伸变形，但却可以改善 Ti-6Al-4V 合金的压缩变形。所以，当利用热氢处理技术使 Ti-6Al-4V 合金室温塑性成型时，应选择在压应力的作用下成型的方法。当置氢 Ti-6Al-4V 合金在静态下室温压缩成型时，应选择较高氢含量的试样，在前述的置氢规范下，合金的最佳氢含量为 0.6% ~ 0.8%。当利用高速率成型方法使置氢 Ti-6Al-4V 合金室温压缩成型时，应选择较低氢含量的试样，利用磁脉冲成型方法使置氢 Ti-6Al-4V 合金室温成型的最佳参数是：氢含量为 0.1%，放电电压为 1.1kV。室温塑性成型以后，再利用真空热处理方式去除合金中的氢，使合金中的氢含量在安全浓度以内，以防止合金在使用过程中发生氢脆现象。

5.9 置氢 TB8 钛合金的室温压缩性能研究

作者等对不同氢含量的 TB8 合金进行室温压缩试验，得到不同氢含量下 TB8 合金的真实应力应变曲线和力学性能指标，分析氢含量对 TB8 合金室温压缩性能的影响规律，建立不同氢含量 TB8 合金压缩真实应力应变关系的数学模型。对不同氢含量下 TB8 合金的显微硬度进行了测定，并总结置氢对 TB8 合金硬度的影响机理。

5.9.1 氢对 TB8 钛合金室温压缩性能的影响

室温压缩时试样的压缩距离为 4mm，即变形量为 67%。置氢 TB8 合金压缩后的宏观形貌及真应力-真应变曲线如图 5-22 所示。合金达到设定压缩量时均未产生裂纹，而是压成饼状，属于高塑性材料，表明热氢处理对 TB8 合金的塑性影响较小；不同氢含量 TB8 合金压缩过程中，随着载荷的增加，试样由弹性变形连续过渡到塑性变形，并且塑性变形时一直伴随着加工硬化，达到设定压缩量时未断裂。图 5-22b 所示为截取的应变范围在 0 ~ 0.2 的真应力-真应变曲线。由图可以看出，合金的加工硬化现象非常显著。但不同氢含量合金的屈服强度、弹性模量以及加工硬化指数不同，现对这些室温压缩性能指标进行计算，以揭示氢含量对 TB8 合金的室温压缩性能的影响规律。

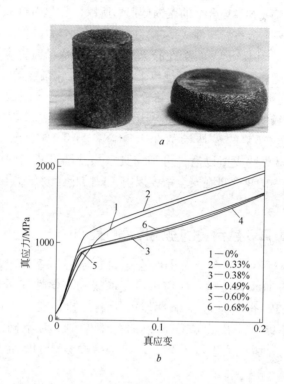

图 5-22 置氢 TB8 合金压缩后形貌及真应力-真应变曲线

a—压缩后宏观形貌；*b*—不同氢含量合金的真应力-真应变曲线

不同氢含量下 TB8 合金各室温压缩性能指标结果如表 5-3 所示。由图 5-22*b* 可以看出，试样没有明显的屈服点，因此用 $\sigma_{0.2}$ 值表示合金的屈服强度，置氢后合金的屈服强度降低，当氢含量为 0.38% 时，比原始合金屈服强度降低幅度最大，达到 27.4%，随着氢含量的增加，合金的屈服强度变化幅度趋缓，尽管氢对合金的塑性影响不大，但氢有效地降低了合金的屈服强度，对合金的室温变形是有益的影响。氢致屈服强度下降的主要的原因是：氢属于 β 稳定元素，可有效降低 β 相的转变温度，相应增加合金冷却后塑性相 β 的数量，并且氢致 β 相中合金元素减少，使得 β 相依靠合金元素的固溶强化效果也下降[127]。氢对钛合金的强度有正、反两方面的影响，即既能引起材料的硬化也能引起软化，最终的性能取决于氢致组织及相转变。由上面组织及相分析结果可知，置氢后合金中的相变是一个复杂的过程，既有软化相又有强化相的生成。合金的强化作用主要体现在以下几方面：

（1）由于氢原子固溶于钛合金的晶格间隙当中，在氢原子溶入钛合金的晶格间隙位置后，使钛原子的晶格产生畸变，点阵常数增大，畸变能升高，从而产生固溶强化效应；

（2）氢的加入促进了 TB8 合金中的硬化相 ω 的形成；

（3）δ 氢化物的生成引起体积膨胀使得氢化物周围产生大的应变场，造成晶格畸变，从而产生位错，而氢化物对位错运动的阻碍作用又引起强化作用。尽管置氢后有以上各种相的强化机制，但 β 相的软化起到了主导作用，因此置氢后合金的屈服强度均低于原始合金。

弹性模量是表征材料对弹性变形的抗力，即材料的刚度，其值越大，则在相同应力下产生的弹性变形就越小。因此弹性模量是结构材料的重要力学性能之一。弹性模量是在弹性变形阶段，合金所受的应力与其所产生的应变的比值。由表 5-3 可知，弹性模量随氢的加入而急剧升高，氢含量为 0.68% 时达到最高，约为原始试样的 2.5 倍。

金属材料的形变硬化或形变强化能力是金属能得到广泛应用的最重要的性能之一，零件在使用过程中，难免遇到偶然过载或局部应力超过材料屈服强度的情况，此时，如果材料不具备形变硬化的能力，超载将引起材料的断裂失效。因此认为形变硬化是材料具有的一种安全因素，而硬化指数表示材料的形变硬化能力，是衡量这种安全性的定量指标。根据 Hollomon 公式：

$$\sigma = k\varepsilon^n \tag{5-2}$$

式中，σ 和 ε 分别为真应力和真应变（此时的 σ 和 ε 值为从屈服点后到试样断裂这一阶段的值）；k 为强度系数；n 为硬化指数。

对式（5-2）两边求导，有：

$$n = \frac{\mathrm{d}\ln\sigma}{\mathrm{d}\ln\varepsilon} \tag{5-3}$$

根据式（5-3），n 值是双对数真应力-真应变图上直线的斜率，在每一直线段的两端点 I 和 II 应有关系：

$$n = \frac{\ln\sigma_{II} - \ln\sigma_I}{\ln\varepsilon_{II} - \ln\varepsilon_I} \tag{5-4}$$

$$n = \frac{\ln\sigma_{II}/\sigma_I}{\ln\varepsilon_{II}/\varepsilon_I} \tag{5-5}$$

　　根据真应力-真应变曲线及式（5-5）即可算出不同氢含量下试样的硬化指数，结果如表 5-3 所示。由表可看出，随着氢含量的增加，硬化指数逐渐增加，表明氢提高了合金的形变强化能力。应变硬化的基本机理是由于在塑性变形过程中多系滑移和交滑移，造成位错运动阻力增大。钛合金的冷塑性变形机理包括位错滑移、孪生和应力诱发马氏体相变，在室温下，β 钛合金的冷变形机理与 β 相的稳定性有关。根据合金相稳定理论[128]，对于多元合金可采用参数 $\overline{B}_0$ 和 $\overline{M}_d$ 来判别 β 钛合金的变形机制。$\overline{B}_0$ 和 $\overline{M}_d$ 的值可通过式（5-6）求出：

$$\overline{B}_0 = \sum_{i=1}^{n} x_i (B_0)_i, \quad \overline{M}_d = \sum_{i=1}^{n} x_i (M_d)_i \tag{5-6}$$

式中，$\overline{B}_0$ 和 $\overline{M}_d$ 为平均值，x_i、$(B_0)_i$、$(M_d)_i$ 分别为合金元素 i 的原子分数、B_0 和 M_d 值。计算得到 TB8 合金的 $\overline{B}_0$ 和 $\overline{M}_d$ 值分别为 2.81 和 2.40，查阅合金的相稳定图[129]（图 5-23），TB8 原始合金的变形方式只有滑移变形，不会发生孪生和应力诱发马氏体相变，因此合金的变形只与位错的运动有关，并且 β 相越稳定，滑移变形的能力越强，因为氢属于 β 稳定元素，可增加 β 相的稳定性，因此滑移仍然是置氢后合金的变形方式。置氢后合金滑移变形时，固溶在基体中的氢原子通常被晶体缺陷所捕获，如位错、晶界、相界等，因此偏聚在位错处的氢原子会钉扎位错，使位错稳定性增强，阻碍位错的运动，随氢含量的增加，氢原子的这种阻碍作用不断增强，使得应变硬化能力逐渐增强；同时，生成的氢化物也会阻碍位错的滑移，引起位错的塞积和缠结，造成应变硬化。

表 5-3　不同氢含量下 TB8 合金室温压缩性能指标

$w(H)/\%$	0	0.33	0.38	0.49	0.60	0.68
$\sigma_{0.2}/MPa$	1100	1053	851	865	882	910
E/MPa	31292	41863	44379	30570	42300	45588
n	0.34	0.44	0.48	0.57	0.63	0.64

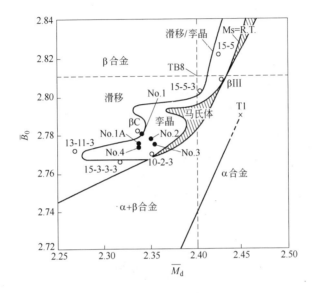

图 5-23　相稳定图[129]

5.9.2　渗氢后 TB8 钛合金室温压缩变形应力应变数学模型

　　合金的应力应变关系是工程设计和优选工艺的依据，具有重要的工程实际意义。钛合金热氢处理后，氢致相变使得合金组织发生改变，进而影响力学性能，本节将建立渗氢 TB8 合金，室温压缩时真应力与氢含量和真应变的数学模型，从而为不同氢含量 TB8 合金室温压缩成型工艺提供依据。

　　合金的真应力随真应变 ε 和氢含量 x 而改变，如式（4-3）所示。由图 5-22b 可看出，合金在室温压缩时真应力应变过程分为两个阶段，分别是弹性变形阶段和加工硬化（塑性变形）阶段，在弹性变形阶段，应力应变服从胡克定律，即 $\sigma = E\varepsilon$。加工硬化阶段，符合硬化定律，如式（4-7）所示。

由表 5-3 看出，弹性模量 E、屈服强度 $\sigma_{0.2}$ 和硬化指数 n 均与氢含量有关，由 origin 拟合这些参数与氢含量的曲线（如图 5-24 所示），得到它们与氢含量 x 的关系式，如式（5-7）~式（5-9）所示。

$$\sigma_{0.2} = 1155 - \frac{56}{4x^2 - 4x + 1.16} \tag{5-7}$$

$$E = -20072 + \frac{775392}{x^2 - 1.12x + 1.52} \tag{5-8}$$

$$n = 0.32 + 0.48x \tag{5-9}$$

$\varepsilon_{0.2}$ 为与屈服强度 $\sigma_{0.2}$ 相对应的真应变值，根据 $\sigma_{0.2}$ 值可在真应力-真应变曲线上查到相应的 $\varepsilon_{0.2}$ 值，得到 $\varepsilon_{0.2}$ 与氢含量 x 的关系式，如式（5-10）所示。

$$\varepsilon_{0.2} = 0.11 - \frac{0.63}{x^2 - x + 1} \tag{5-10}$$

强度系数 k 可由 $\sigma_{0.2}$、E 和 n 值结合公式（5-11）算出，得到 k 与氢含量 x 的关系式，如式（5-11）所示。

$$k = \frac{\sigma_{0.2}}{\left(\dfrac{\sigma_{0.2}}{E} + 0.02\right)^n} \tag{5-11}$$

由图 5-24e 可看出，强度系数 k 随氢含量的增加而升高，说明置氢有助于材料的强化，得到 k 的函数式，如式（5-12）所示。

$$k = 29679 - 976x + 11663x^2 \tag{5-12}$$

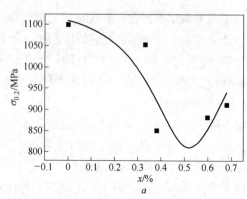

a

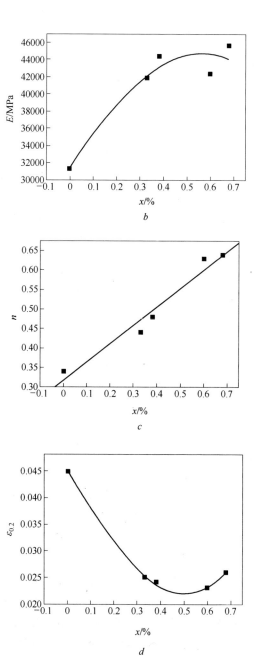

b

c

d

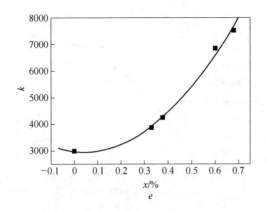

图 5-24 各参数拟合曲线

a—屈服强度 $\sigma_{0.2}$ 与氢含量的关系曲线；b—弹性模量 E 与氢含量的关系曲线；

c—硬化指数 n 与氢含量的关系曲线；d—$\varepsilon_{0.2}$ 与氢含量的关系曲线；

e—强度系数 k 与氢含量的关系曲线

5.9.3 氢对钛合金硬度的影响

不同氢含量 TB8 钛合金的显微硬度如图 5-25 所示。合金的硬度随氢含量的增加呈先增加后降低的趋势，但置氢后的合金由于氢的进入产生的固溶强化作用，硬度均高于未置氢合金。由以上的分析可知，氢的加入使合金发生相变，一方面，在较低含量的氢渗入时由于合金中较多的 α 相，溶解度低，从合金中析出了 δ 氢化物，钛合金形成 δ 氢化物时所引起的比容变化高达 17% ~ 25%[109]，δ 相所引起的这种体积膨胀使得氢化物周围产生大的应变场，造成晶格畸变，从而产生大量位错，氢化物对位错运动的阻碍作用对硬度的提高有一定贡献；另外氢促进了 TB8 合金中的硬化相 ω 的形成，钛合金中各相的显微硬度为 ω > α′ > α > β > α″，ω 相的硬度极高是合金显微硬度提高的重要原因。另一方面，氢属于 β 稳定元素，可促使 α → β 的转变，随着氢的加入，使得软化相 β 的数量逐渐增多而 α 相不断减少，并且 β 相高的溶解力使氢大多以间隙原子的形式存在，从而使氢化物减少；同时根据二元 β 同晶合金系亚稳相图[114]，使钛合

快冷时产生 ω 相的 β 稳定性元素含量位于一定的范围内，β 稳定性元素含量达到临界浓度 C_k 时 ω 相体积分数最大，因此当氢含量增加到某一值后，ω 相的硬化作用逐渐降低，使合金硬度值减小。综上所述，置氢 TB8 合金显微硬度的变化是多种相变共同作用的结果，置氢对 TB8 合金显微硬度的影响机理如图 5-26 所示。

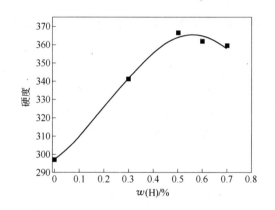

图 5-25　TB8 合金显微硬度与氢含量的关系

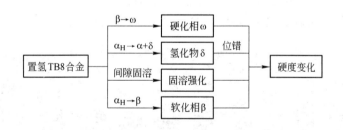

图 5-26　置氢对 TB8 合金显微硬度的影响机理示意图

5.10　钛合金室温氢增塑的应用

目前，氢致室温增塑效应在国外已有应用[49]。俄罗斯的标准件科学生产联合体公司已将室温氢增塑应用在淬火的 BT30 合金托板螺母的生产上，经氢合金化制出了优质的 BT30 合金托板螺母。另外，该技术也在大直径螺栓的生产中得到应用，俄罗斯已将 BT16 合金大直径螺栓的生产由热镦改为冷镦，现有的冷镦设备在钛合金未加氢处理时仅能稳定地生产 M6 和 M8 的螺栓，而大直径螺栓必须在 800～850℃ 温度下采用热镦成型。经热氢处理后，可以稳定地冷镦生产 M8～M16 的大直径螺栓，生产效率可以提高 10～12 倍[7]。

北京航空材料研究所的王耀奇等[130]研究了置氢钛合金 90°沉头螺钉的冷镦成型。Ti-6Al-4V 合金经置氢处理后，获得了氢含量为 0.60%、0.80% 与 0.90% 的冷镦坯料，尺寸规格为 10mm×40mm。冷镦试验后，90°沉头螺钉的外观如图 5-27 所示，试验过程中为避免因打击力过大或变形量过大损伤模具和设备，采用逐次增加冷镦沉头变形区长度的方式进行试验，变形区长度 I＜II＜III。由图 5-27 可以看出，变形区较短时，冷镦成型后，原始合金高度与置氢合金相近，但头部未产生变形，且圆柱体已经弯曲失稳，说明不能继续再加大变形区长度，否则必然会损伤设备和模具，置氢合金虽未成型出完整的螺钉头，但已形成螺钉的雏形；当变形区长度达到 II 时，置氢合金冷镦成型出完整的螺钉头，无宏观裂纹，且氢含量为 0.80% 的材料成型效果好于氢含量为 0.60% 与 0.90% 的；当变形区长度为 III 时，置氢合金冷镦后形成完整的螺钉头，且形成了多余的飞边，但飞边边缘处出现明显的宏观裂纹。由此可见，置氢处理后，在适量的氢与冷镦条件下可以实现 Ti-6Al-4V 合金紧固件的冷镦制备。

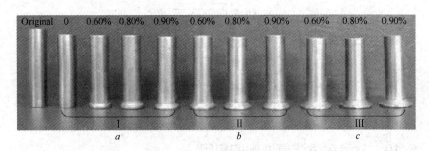

图 5-27　90°沉头螺钉外观图[130]

5.11　钛合金室温氢增塑国内外研究现状

氢致钛合金室温增塑是钛合金热氢处理技术中一个很重要的研究方向。室温氢增塑现象最先发现于淬火的 BT15 和 BT30 等 β 钛合金

中[49]，如图 5-28 所示。直径
10mm、高度 15mm 的含氢
0.1% 的圆柱形 BT30 淬火合金，
在室温下镦粗压扁至锋利边缘
的薄饼，在其侧面也未出现任
何裂纹。不仅如此，俄罗斯的
学者在淬火后 α + β 钛合金中也
观察到室温氢增塑现象。Ilyin
等研究了 BT22 合金置氢并淬火
后的微观结构和变形机制[131]。
研究结果表明，置氢 BT22 合金
在 β 相淬火，获得不稳定 β 相
和马氏体 α″ 相，而随着氢含量

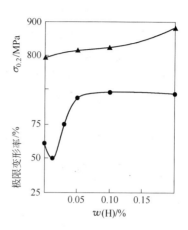

图 5-28　氢含量对 BT30 淬火合金的
室温屈服强度及极限变形率的影响[49]

的增加，β 相数量增加。压缩和轧制试验结果表明，BT22 合金中置
入适量的氢可以抑制变形过程中 β 相向 α″ 相转变，从而提高压缩和
轧制的一次最大变形量。合金中加入 0.3% ~ 0.4% 的氢，其压缩和
轧制的一次最大变形量可达到 80%。轧制试验表明，室温下分别采
用 10mm 厚板和 2.2mm 薄板，BT22 和 Ti-10-2-3 合金分别置入 0.2%
和 0.36% 的氢，每次以 20% 的变形量进行轧制，无须中间退火就可
以轧制出厚 0.1 ~ 0.2mm 的箔材，而未置氢合金的最大变形量仅达到
50%。此外，Ilyin 等还对 BT5、BT6、BT16 和 BT35 渗氢合金的室温
塑性进行了深入研究，其规律与 BT22 合金基本相同。大连理工大学
的孙中刚等[132]研究了氢对钛合金室温性能的影响，发现随着氢含量
增加，TC4 钛合金室温静态压缩极限变形率增大，氢含量 0.6% ~
0.9% 时室温极限变形率比原始合金提高近 1 倍。置氢 TC16 钛合金室
温塑性受变形速率影响较大。在静态变形时，随着氢含量的增加，极
限变形率降低；动态变形时，材料塑性变形能力提高，氢含量 1.0%
时，可以冷镦至 70% 仍然没有产生裂纹。置氢 TC4 和 TC16 合金的拉
伸性能均下降。

氢致钛合金室温增塑效应的作用机理[49,131,133]：

（1）由于氢是 β 相稳定元素，因而可以降低 β 相转变温度，增

加塑性 β 相数量，使 β 相稳定到更低的温度，进而导致 β 相内合金元素的减少，β 相依靠合金固溶强化的效果下降，使位错滑移阻力降低。室温下氢对 α + β 合金 β 相数量的影响见表5-4。

（2）氢增大了 β 相的力学稳定性，可以抑制淬火时的脆性相 Ti_3Al 的析出，阻止变形时的马氏体转变。

（3）氢可以使位错滑移阻力降低，促进位错增殖，并能引起附加的滑移系和双晶系，晶界滑移在变形中的贡献增加。

表 5-4　室温下氢对 α + β 型合金中 β 相数量的影响[7]

w(H)/%	x(β)/%				
	BT6	BT16	BT23	BT22	BT30
0.003	9	23	30	40	80
0.05	10	—	—	60	—
0.1	12	35	50	70	80
0.2	14	48	60	90	100
0.3	—	60	70	—	—
0.4	—	90	80	—	—

6 置氢钛合金的高温力学性能

6.1 引言

钛具有两种同素异构体，在室温下的稳定相为密排六方晶格的 α 相，仅具有 3 个滑移系，它的室温塑性差，变形极限低，变形抗力大，冷成型时易开裂，大大限制了钛合金的冷态成型。当温度升高时，密排六方晶格中的滑移系增多，且随着温度的升高，α 相向体心立方晶格的 β 相转变，滑移系数目增多，提高了合金的塑性，有利于钛合金的塑性成型。因此，大多数的钛合金必须在高温下进行塑性成型[134]。

6.2 钛合金高温成型

高温成型一般是指将金属材料加热至再结晶温度以上，利用金属材料在高温下塑性提高、变形抗力降低的特点制造零件的一种压力加工技术。

材料高温塑性变形过程是一个复杂加工体系，包含有变形金属、模具和加工设备的相互作用。金属塑性成型理论的发展减少了依靠经验处理工艺问题的盲目性，对塑性变形的物理基础和力学基础的科学理解作出了巨大贡献。为了研究材料的高温变形行为，在进行金属塑性成型工艺之前，要对材料在不同变形条件下的变形进行模拟，模拟实验测得的应力-应变关系数据有助于分析材料在实际塑性成型过程中的塑性变形行为[135]。研究钛合金的高温变形行为，确定合金的最佳变形工艺参数，有利于获得力学性能良好的高温变形组织，同时根据材料的高温变形行为研究其本构模型，有助于更为准确地模拟材料的高温塑性变形过程，对于优化生产过程，提高产品质量，促进钛合金的实用化进程具有重要的意义[134]。

国内外很多学者对钛合金的高温变形行为及变形机制等进行了大

量研究。我国曹春晓院士等[136]研究了 TC11 钛合金的高温变形行为，分析了流动应力随温度和应变速率等变形热力参数的变化规律，并采用 Arrhenius 型双曲正弦方程建立了 TC11 合金的本构关系。杨合等[137]研究了 TB6 钛合金的热变形行为（如图 6-1 所示），发现 TB6

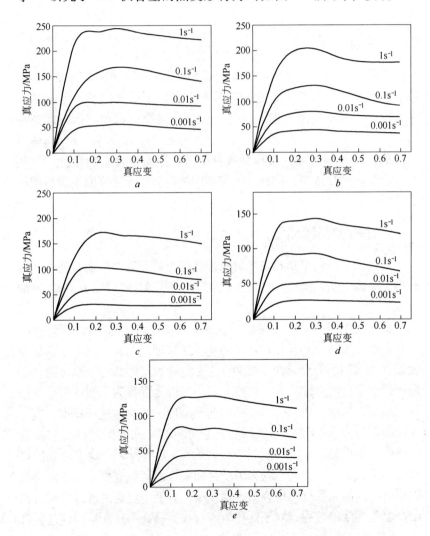

图 6-1　TB6 钛合金在不同温度下的真应力-真应变曲线[137]

a—1013K；b—1033K；c—1053K；d—1073K；e—1093K

钛合金热压缩变形时流变应力受应变速率的影响较显著，而变形温度对流变应力的影响程度与应变速率的大小有关，并采用 Arrhenius 型双曲正弦方程建立了 TB6 钛合金的流变应力本构模型。在国外，Warchomicka F. 等[138]对近 β 钛合金 Ti-5Al-5Mo-5V-3Cr-1Zr 的高温变形行为进行了研究（如图 6-2 所示），发现合金的流动应力与应变速率和温度有关，并对合金热变形过程中的微观组织进行了研究。大量的研究表明，钛合金在高温变形过程中，流动应力变化主要取决于位错增殖引起的加工硬化和动态回复、动态再结晶导致的动态软化，加工硬化和动态软化在热加工过程中同时进行、互相竞争。一般将钛合金的热变形划分为在 β 相区的变形和在 α + β 两相区的变形。钛合金在 β 相区变形时，流动应力呈现典型的动态回复特征。在 α + β 两相区变形时，流动应力呈现动态再结晶特征[134]。通过钛合金热变形过

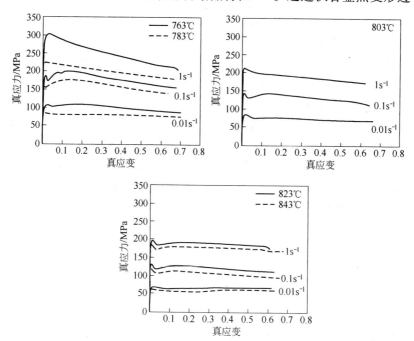

图 6-2 Ti-5Al-5Mo-5V-3Cr-1Zr 合金在不同温度和
应变速率下的真应力-真应变曲线[138]

程中的宏观应力应变曲线，结合热变形工艺参数，对实验数据进行分析，建立钛合金的本构模型，对于钛合金零件的数值模拟和成型可以起到重要的指导作用。

由于钛合金热成型需要在高温下工作，因此其所使用的成型模具与冷成型模具不同[139]。首先，对钛合金而言，热成型模具绝大部分使用温度为 600 ~ 750℃，少部分工作温度接近 800℃。因此，要保证成型模具在如此高的温度下长期工作，选择合适的模具材料至关重要。模具材料在高温条件下暴露于大气环境中，其表面会很快与空气中的氧产生反应而形成氧化膜。当氧化膜达到一定厚度时将从基体上脱落。通常状态下氧化物的硬度高于金属本身和钛材的硬度，因此氧化膜脱落后形成的片状或粒状残渣对成型的零件及成型模具表面会造成损伤，同时改变模具型面尺寸，影响成型零件的尺寸和形状。因此选择具有良好抗高温氧化能力的材料是制作热成型模具的先决条件。其次，模具材料应具备较高的相变温度。由于金属的生长性，造成模具宏观几何尺寸增大，将对成型零件的尺寸精度产生不良影响。因此选择具有较高相变温度的材料制作模具，有利于提高模具的尺寸稳定性，保证成型零件的尺寸精度。依据钛合金热成型模具的工作温度，通常模具材料的相变点应高于 850℃。再次，模具材料应具有高的热疲劳性能。热成型模具经常处于急冷急热的交替变化中，导致在模具表面产生较大的拉压应力循环，进而导致在金属模具表面形成热疲劳裂纹，缩短模具的使用寿命。另外，还要考虑模具的取材是否方便，加工是否容易等。

钛合金热成型时，常用的加热方法主要有三种[140]：一是利用常规的冷成型设备和模具，对零件进行加热。这是最简便的方法，可以利用辐射加热法、电阻加热法、火焰加热法、感应加热法、炉内加热坯料法等；二是利用常规的成型设备，对模具加热。该方法是先加热模具，然后将坯料放入模具内加热，达到一定的温度时再进行成型；三是采用专用的加热装置。钛合金热成型设备一般为具有加热装置的液压机。

钛在高温下位错滑移和攀移的同时，在变形过程中发生动态回复和动态再结晶，此种条件下钛具有足够的塑性变形能力。但是热变形温度高，流动应力大，应变速率低，特别是对于那些高强、高韧、高模量的难变形钛合金，这种现象尤为严重，大大地限制了它们的应用。此外，热变形温度高，造成系统或工艺的高温保护困难，费用高；同时，钛合金热加工时对模具材料要求高，要求模具能够在高温下仍需具有足够的强度，给模具选材和制造带来了很大的困难，造成加工周期长、生产费用高等一系列问题；不仅如此，由于钛合金的热变形温度高和变形抗力大的原因，对成型设备也提出了更高的要求，使得现有成型设备加工钛合金结构件的能力大大降低，对研制新的成型设备提出了更高的要求，增加了设备研制的费用和难度[7]。

为解决钛合金塑性加工过程所面临的问题，其途径有二[7]：一是增加现有设备的能力，研制更大吨位的成型设备；二是降低钛合金变形抗力和成型温度。热氢处理技术可以从材料内部本质角度出发，通过获得一种具有高剩余塑性的热稳定性高的双峰组织结构，达到降低变形抗力和成型温度的目的。研究表明，钛合金中加入适量的氢可以显著改善轧制、锻造、热压和超塑性等热塑性加工性能，使其流动应力降低 15% ~ 35%，变形温度降低 50 ~ 150℃。

6.3 钛合金氢致高温增塑

氢对钛合金高温塑性的影响主要表现为：
（1）流变应力较低；
（2）高温拉伸塑性性能提高；
（3）高温镦粗出现第一个裂纹前的变形极限提高。

钛合金高温氢增塑是最早受到关注并得到广泛而深入研究的热氢处理技术方向，国内外学者对此给予了高度重视。高温氢增塑的研究始于 1959 年，联邦德国学者 Zwiecker 和 Schleicher 在钛合金 Ti-8Al、Ti-10Al、Ti-13Al、Ti-8Al-3In 铸锭中加入适量的氢，研究其压力加工性能时发现合金的热加工性能得到明显的改善，从而提出了氢可以增加钛合金热塑性的观点，并通过实验验证了这种观点。这在当时仅作为一种特例而被忽视，但 Zwiecker 和 Schleicher 已揭开了钛合金中氢作用的新的一页。

早在 20 世纪 70 年代，苏联学者就致力于这方面的研究工作，一系列的研究表明[34,49,69,72,141~147]：钛合金加氢可使合金的热压力加工性能得到改善，表现为热变形流动应力的降低和塑性的提高，使热变形更容易在较低温度下实现。氢致热塑性效应可以有效地应用于钛合金的轧制、自由锻和模锻等工序，氢增塑效应对高铝含量的热强钛合金及 Ti₃Al 合金的作用特别明显，对近 α 合金和 α + β 合金也是适用的，但对近 β 合金几乎没有作用。钛合金渗氢可以使钛合金的变形温度降低约 100℃，流动应力降低 30% 以上。苏联在用氢来改善钛合金的热加工性能方面是领先的，已将氢致热塑性效应成功地应用于各类钛合金，特别是 Ti₃Al 基合金，已处于半工业化的应用规模[145]。因此，热氢处理技术也为改善难变形钛合金的加工特性提供了一条有效的途径，具有重要的实际意义。

下面主要介绍氢对各类钛合金高温塑性的影响。

6.3.1　氢对 α 钛合金高温塑性的影响

Senkov 等[142,148]研究了氢对工业纯钛软化行为的影响，发现氢可以降低合金的流动应力（如图 6-3 所示），这是由于氢的加入弱化了位错与杂质原子之间的相互作用。

哈尔滨工业大学的孙东立等[149]研究了氢对 α 型 TA1 合金和近 α 型 BT20 合金高温性能的影响。图 6-4 所示为 TA1-xH 合金不同温度下氢含量与流变应力峰值的关系曲线。由图 6-4 可看出，随热变形温度升高，原始及含氢 TA1 合金试样的流变应力峰值均降低。在同一温度变形时，流变应力峰值与氢含量呈 U 形曲线关系。600℃热变形时，随着氢含量的增加，流变应力峰值先迅速下降后升高，在 0.36% 处流变应力峰值达到最小值，比未氢化试样的应力峰值降低 57%；700℃和 800℃变形时，应力峰值变化趋势基本与 600℃时相同，应力峰值最小时对应的氢含量分别为 0.42% 和 0.23%，与原始 TA1 合金的应力峰值相比，分别降低 58% 和 64%。可见，适当的氢含量可显著地降低流变应力。另外，从图中还可以看出：600℃热变形氢含量 0.36% 的 TA1 合金的流变应力峰值为 82MPa，

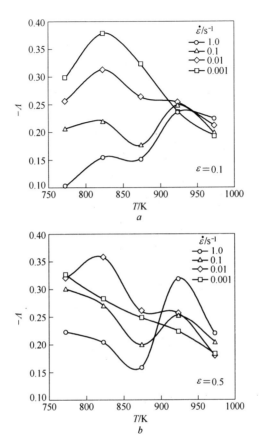

图 6-3　应变速率和温度对氢致工业纯钛软化的影响[148]

a—$\dot{\varepsilon} = 0.1 s^{-1}$；$b$—$\dot{\varepsilon} = 0.5 s^{-1}$

与 700℃ 热变形原始 TA1 合金的 80MPa 相当；700℃ 热变形氢含量 0.42% 的 TA1 合金的流变应力峰值为 34MPa，明显小于 800℃ 原始 TA1 合金的 50MPa。从上述结果可以得出，氢含量 0.36% 的 TA1 合金在 600℃ 热变形的效果（单从流变应力角度考虑）与原始 TA1 合金在 700℃ 热变形的效果相当；而氢含量 0.42% 的 TA1 合金在 700℃ 热变形的效果要优于原始 TA1 合金在 800℃ 热变形的效果。所以可认为，原始 TA1 合金加氢 0.4% 在 700～800℃ 热变形时可使

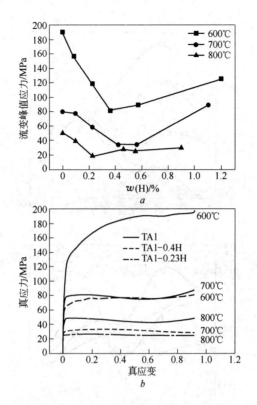

图6-4 氢含量和温度对 TA1-xH 合金热变形的影响[149]

a—流变应力峰值与氢含量的关系；b—真应力-真应变曲线

温度降低约 100℃。

西北有色金属研究院的张鹏省等[150]研究了热氢处理对 Ti600 钛合金组织和高温力学性能的影响，发现引入氢元素可以在一定程度上细化合金组织，并可以有效提高合金的热加工工艺塑性。图6-5 所示为不同氢含量的 Ti600 钛合金在 600℃时的拉伸性能。由图可知，随着氢含量的增加，Ti600 钛合金的拉伸强度逐渐降低，塑性逐渐提高。

沈阳理工大学的王忠堂等[151]研究了氢对 Ti600 合金热压缩性能，图6-6 所示为 980℃变形时，不同氢含量的 Ti600 合金在各应

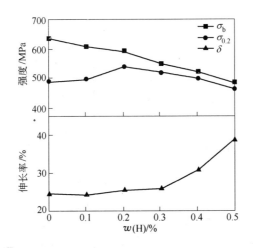

图 6-5　不同氢含量的 Ti600 钛合金在 600℃时的拉伸性能[150]

变速率下的真应力-真应变曲线。通过对比可以看出，在相同的变形温度及氢含量时，流变应力随应变速率的增大而升高。当氢含量由 0%增至 0.1%，应变速率为 0.1s^{-1} 时，峰值应力的相对降幅高达 66.3%，应变速率为 1s^{-1} 时的相对降幅为 56.6%，应变速率为 0.01s^{-1} 和 0.05s^{-1} 时的降幅也达到 42%。显然，氢元素具有明显的降低变形抗力和提高塑性的作用。由于氢是强 β 稳定元素，随着合金中氢含量的增加，合金中 β 相的含量随之增加，进而导致合金的峰值应力下降，当合金中大部分 α 相转变成 β 相后，由于塑性较好的体心立方 β 相占主导地位，因此流变应力随 β 相含量的增加而逐渐降低。随氢含量的增加，流变应力降低，然而当氢含量超过 0.2%时，流变应力又开始逐渐升高，如图 6-7 所示。这是因为氢除了是强 β 稳定元素外，还是固溶强化元素，在 β 相中继续增加氢含量，氢的固溶强化又使合金强度升高，导致流变应力增加。图 6-8 所示为在应变速率不变时，Ti600 钛合金的峰值应力与氢含量和温度的关系。由图可知，峰值应力随着温度的升高而逐渐降低，未加氢的合金在 1010℃时，应力达到 176MPa，随着氢含量增加到接近 0.1%时，达到同样应力的温度为 950℃，

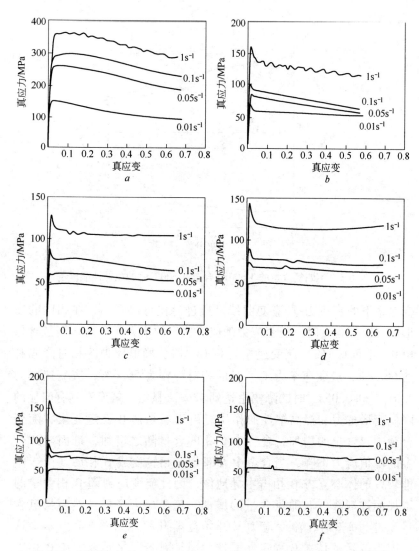

图 6-6 不同氢含量下 Ti600 合金 980℃时的真应力-真应变曲线[151]

a—0%；b—0.1%；c—0.2%；d—0.3%；e—0.4%；f—0.5%

而氢含量增至 0.3% 时，应力达到 176MPa 的温度只需 890℃。这就意味着随着氢含量的增加，合金在较低温度下的流变行为与高温变形时的效果一致，即说明氢可以使压缩温度降低，这对于降低锻造温度，改善 Ti600 钛合金的塑性加工工艺及模具设计具有重要意义。

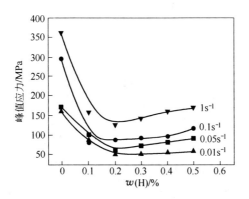

图 6-7 Ti600 合金在 980℃下峰值应力与氢含量的关系[151]

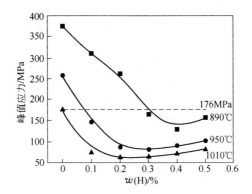

图 6-8 氢含量对峰值应力的影响（$0.1s^{-1}$）[151]

东北大学的赵敬伟等[108]基于热模拟压缩试验数据，通过共线性诊断、变量筛选、回归分析等过程，建立了置氢 Ti600 合金热变形的本构关系，并对本构关系进行了检验，计算值与试验值之间的误差基本上在 10% 以内，符合塑性加工中的误差许可要求。因此，所建立的本构关系是合理的，可用来表征置氢 Ti600 钛合金热变形过程中的力学行为。

6.3.2 氢对 α + β 合金高温塑性的影响

Ti-6Al-4V 合金是国内外学者广泛研究的一种 α + β 合金。东北大学的徐振声[144]、西北工业大学的李淼泉[152]、哈尔滨工业大学的孙东立和宗影影等[134]都研究了热氢处理对 Ti-6Al-4V 合金的热压缩性能的影响，得到了相似的规律。本书主要以哈尔滨工业大学宗影影的研究结果介绍氢和热变形工艺参数等对钛合金高温力学性能的影响。图 6-9 所示为氢含量对 Ti-6Al-4V 钛合金稳态流动应力的影响。由图可知，应变速率处为 $0.001 \sim 0.1\,s^{-1}$ 时，氢含量对 Ti-6Al-4V 钛合金稳态流动应力的影响规律相同。当变形温度低于非置氢合金的 β 转变点 980℃时，合金的流动应力均随着氢含量的增加先降至最小值

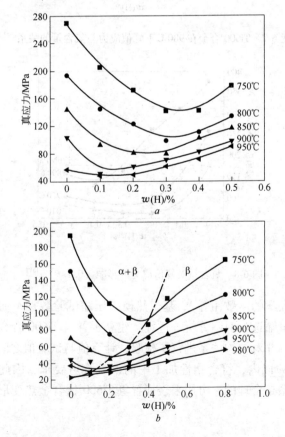

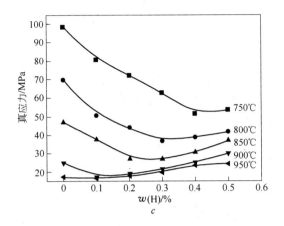

图 6-9 不同变形条件下氢含量对 Ti-6Al-4V 合金稳态流动应力的影响[134]

a—$0.1s^{-1}$；b—$0.01s^{-1}$；c—$0.001s^{-1}$

而后逐渐增加；当变形温度高于 Ti-6Al-4V 钛合金的相变点 980℃ 时，所有置氢合金的流动应力均高于非置氢合金，且随着氢含量的增加，流动应力逐渐增加，此时 $w(H) = 0\%$ 定义为最佳氢含量。

宗影影等用固定变形温度下，最低流动应力所对应的氢含量为最佳氢含量（C_H），变形温度对最佳氢含量的影响如图 6-10 所示。由图可知，变形温度为 750～980℃ 时，变形温度与最佳氢含量呈线性关系，且 C_H 所对应的温度在 Ti-6Al-4V-C_HH 钛合金的 β 相变点附

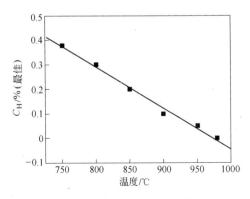

图 6-10 变形温度对最佳氢含量的影响[134]

近，C_H 随着变形温度的升高而降低，其关系可用下式表示：$C_H =$ 2.09 − 0.00167T。不同变形条件下最佳氢含量应力值与非置氢合金应力值的比较如图 6-11 所示。由图可知，在所有的应变速率下，两者的差值随着温度的升高而逐渐减小。变形温度为 750℃ 时，置氢可使钛合金的流动应力降低约 50%，相当于降低变形温度 100℃，应变速率提高一个数量级。因此，可以得出结论：置氢可以改善钛合金的热加工性能，利用氢降低高温变形温度及流动应力，增加应变速率，有利于钛合金的高温成型。

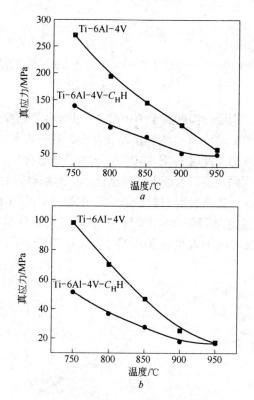

图 6-11　不同变形条件下最佳氢含量应力值与非置氢合金应力值的比较[134]

a—0.1s^{-1}；b—0.001s^{-1}

图 6-12 所示为 Ti-6Al-4V-xH 钛合金在应变速率为 0.01/s 时不同温度压缩的真应力-真应变曲线。由图可以看出，温度是影响 Ti-6Al-

4V-xH 钛合金流动应力的一个重要因素。在所有的应变条件下，应力随温度的升高而显著下降。图 6-13 所示为置氢前后钛合金在应变速率 0.1/s 和 0.001/s 变形时，稳态流动应力随温度的变化曲线。由图可知，

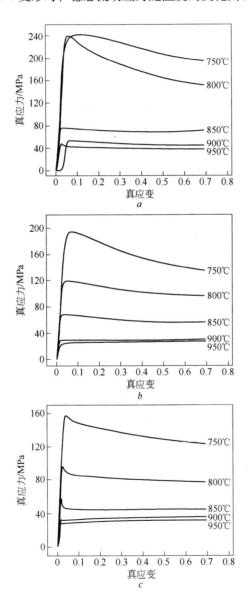

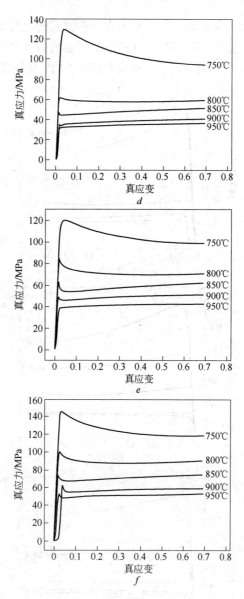

图 6-12 变形温度对 Ti-6Al-4V 钛合金真应力-真应变曲线的影响[134]

a—Ti-6Al-4V; b—Ti-6Al-4V-0.1H; c—Ti-6Al-4V-0.2H; d—Ti-6Al-4V-0.3H;

e—Ti-6Al-4V-0.4H; f—Ti-6Al-4V-0.5H

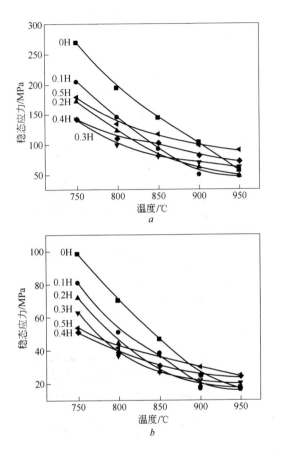

图6-13 置氢前后钛合金稳态应力随变形温度的变化关系[134]
a—$0.1s^{-1}$；b—$0.001s^{-1}$

在所有的应变速率下，所有合金的真应力均随温度的升高而逐渐降低，但变形温度对流动应力的影响程度与应变速率大小有关，在快速变形时，当温度由750℃升高到950℃时，流动应力值下降约40MPa，而在低应变速率变形时，流动应力值仅下降10MPa。因在较快速度变形时，加工硬化严重，提高变形温度，可以大大加强回复和再结晶软化过程，从而使流动应力显著下降；而在慢速变形时，因有足够的时间完成动态回复和再结晶，两种温度下的软化过程均可完全消除加工硬化，使材料进入稳态变形状态，所以此时变形温度对流动应力的影响作用显著减小。

　　图6-14所示为在变形温度800℃条件下，Ti-6Al-4V-xH钛合金

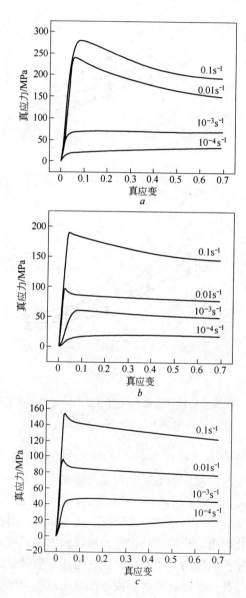

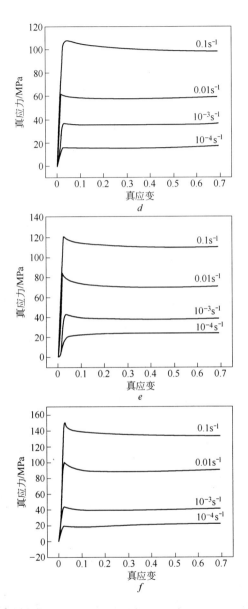

图 6-14 Ti-6Al-4V-xH 钛合金在不同应变速率下的真应力-真应变曲线（800℃）[134]

a—Ti-6Al-4V；b—Ti-6Al-4V-0.1H；c—Ti-6Al-4V-0.2H；d—Ti-6Al-4V-0.3H；

e—Ti-6Al-4V-0.4H；f—Ti-6Al-4V-0.5H

在不同应变速率下压缩的真应力-真应变曲线。这些曲线表明，应变速率对 Ti-6Al-4V-xH 合金的流动应力均有着显著的影响，在同一变形温度和变形程度下，流动应力随应变速率的增大而增大。在应变速率为 0.001 ~ 0.1s^{-1} 时，合金表现出应变软化行为，流动应力曲线呈现动态再结晶特征。在应变速率为 0.001s^{-1} 时，在不同温度下材料表现出略微的应变软化，即材料的流动应力随着真实应变的增大稍有减小。而在应变速率为 0.01 ~ 0.1s^{-1} 时，在各个试验温度下变形时置氢与非置氢合金均表现出明显的应变软化现象。在低温高应变速率为 0.1s^{-1} 时，应变软化现象比较明显。在各种温度下较快速变形时，流动应力曲线迅速增大至峰值后又有较多的下降。这是因为在快速变形时，起初阶段的加工硬化速度远大于动态软化速度，当畸变能较多地存储之后（并伴有一定的变形热效应温升），动态软化速度急剧增大，引起曲线下降。相反，在较慢速变形时，由于动态软化过程的相对加强，所以流动应力曲线形状比较平缓。在准静态应变速率为 10^{-4}s^{-1} 时，合金流动应力曲线则呈现动态回复特征，即此时合金具有超塑性。

6.3.3 氢对 TiAl 基合金高温塑性的影响

北京航空材料研究所的张勇等[153,154]研究了氢对铸态和锻态 Ti$_3$Al 基的 Ti-25Al-10Nb-3V-1Mo 合金热变形行为的影响，发现氢可以显著降低合金的峰值应力，置氢 0.2% 可使铸态合金的峰值应力降低 37% ~ 45%，使锻态合金的峰值应力降低 25% ~ 31%，可使合金的热压缩温度降低约 50℃，应变速率提高一个数量级，如图 6-15 所示。

西北有色金属研究院的潘志强等[155]研究了 Ti9Al 合金的氢塑性效应。图 6-16 所示为含氢 Ti9Al 合金塑性与温度的关系。由图可知，低氢和高氢合金均随温度的升高而呈先增加后降低的趋势，置氢 0.1% 合金的塑性均高于 0.06%H 合金的塑性。在 950℃ 时，0.15H 合金的极限变形率达到 45%，而 0.06%H 合金的极限变形率仅为 25%。当温度达到 1000℃ 时，0.1%H 合金的极限变形率可达到 80% 左右，而 0.06%H 合金的仅为 35% 左右。氢可以明显地降低 Ti9Al

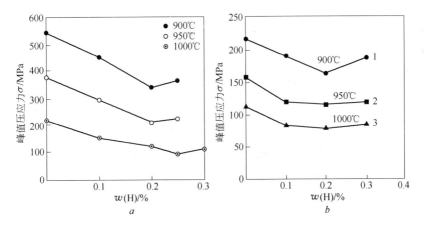

图 6-15 Ti-25Al-10Nb-3V-1Mo 合金热压缩峰值应力与氢含量的关系

a—铸态[153]；b—锻态[154]

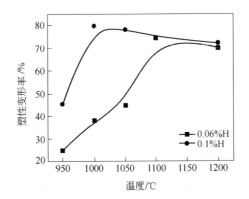

图 6-16 含氢 Ti9Al 合金塑性与温度的关系[155]

合金的变形抗力，如图 6-17 所示。由图可知，低氢与高氢含量合金的变形抗力均随温度的升高而降低，高氢含量合金的变形抗力均低于低氢含量合金的变形抗力，而两者的差值在低温时更明显，随着温度的升高差值逐渐减小。氢含量对 Ti9Al 合金塑性的影响如图 6-18 所示。随着氢含量的增加，合金的极限变形率逐渐升高，当氢含量达到 0.15% ~ 0.2% 时，合金的极限变形率最高，达到 80%，可以保持完好无损，若继续提高合金的氢含量，则塑性降低。

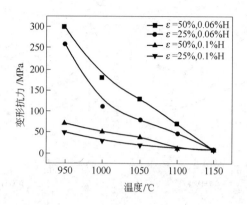

图 6-17　Ti9Al 合金抗压强度与温度及氢含量的关系[155]

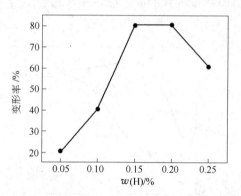

图 6-18　Ti9Al 合金在 950℃下的塑性与氢含量的关系[155]

　　Kolachov 对 Ti$_3$Al 基的 CT5 合金研究发现[34]：虽在 1050 ~ 1250℃的 β 区温度范围内变形也很困难，但加入 0.6% 的氢后，甚至在 900℃下变形达 80% 也不产生裂纹，塑性提高伴随有屈服强度的降低，其渗氢试样的压缩流变应力仅为未渗氢试样流变应力的 1/3。铸态的以 Ti$_3$Al 为强化相的耐热钛合金 Ti-9Al-1Mo-3Zr-4Sn 的等温镦锻试验表明[156]：渗氢合金的最大变形量可以达到 60%，并可以有效地降低合金的变形抗力，$\sigma_{0.2}$ 分别从 950℃ 和 900℃ 的 200MPa 和 320MPa 降低到 50 ~ 60MPa 和 120 ~ 140MPa，且氢对合金变形抗力下降的影响程度随温度的升高而降低[157]。Ti-5Zr-9Al-5Sn-2Mo 合金镦锻试验表明：氢含量 0.45% 的试样在 800℃的锻造流变应力比未渗氢试样下降约 50%。BT16 合金镦粗试验表明：在 600~850℃试验温度范围内，加入 0.2%~0.3% 的氢，屈服应力降低 1/3~1/2。BT6 高温拉伸试验表明：800℃时置入 0.3% 氢的试样的流变应力比未渗氢试样的流变应力低一半，伸长率由 50% 提高到 105%。

6.3.4 氢对 Ti 基复合材料高温塑性的影响

Lu 等[146]研究了氢含量、变形温度和应变速率等对 Ti6Al4V/(TiB，TiC) 复合材料高温性能的影响。研究表明，氢可以降低复合材料的流动应力，在相同流动应力条件下，氢可以降低变形温度 100℃，或提高变形速率，如图 6-19 所示。

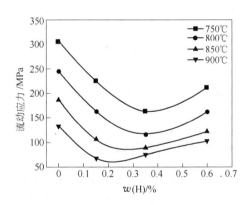

图 6-19 未置氢及置氢复合材料的流动应力 $(0.1s^{-1})$ [146]

研究表明，热氢处理技术可以显著提高钛合金的热塑性性能，表现在热变形时流变应力的降低和塑性的提高，使热变形更容易在较低的温度下实现。氢致钛合金热塑性效应在实际生产中具有显著的效果和意义，可使变形温度降低 50~150℃，流动应力降低 30% 以下，可以采用工艺性更好的模具材料替代现有模具材料，提高模具寿命和金属利用系数。

6.4 钛合金氢致高温增塑机理

一些学者认为[158~160]，高温氢增塑的机制在很多方面与细晶超塑性的机制是相似的。氢增塑与细晶超塑性的区别在于出现增塑作用的温度更低（低 50~150℃），且保持该效应的变形速度则更高。另外一些学者认为，氢增塑机制与超塑性机制是不同的。氢增塑决定于氢对动态强化和软化过程的影响，在 α 相和 β 相的动态等强度情况下，氢增塑作用最大。因为 α 相和 β 相在应力作用下的增塑过程对总体变形的作用大致相同。

目前，一般认为氢致高温增塑的机制是[7,144]：

（1）氢使 β 转变温度下降，β 相体积分数增加，而 β 相具有较多的滑移系，在高温下易于变形，具有增塑和降低流变应力的作用；

（2）氢不仅能诱发新的滑移系，而且促进位错增殖和增加位错的可动性，使更多的位错开动并参与滑移，甚至攀移，有利于塑性变形过程的进行；

（3）氢致弱键效应导致的原子结合力的下降以及氢加快合金元素扩散对高温塑性也有一定的促进作用；

（4）氢可以增强动态回复和动态再结晶效应，有利于提高塑性和降低变形抗力。

6.5 钛合金氢致高温增塑应用

钛合金高温氢增塑效应在难变形超高温钛合金半成品零件的成型中是最有利的，Nosov 和 Kolachev 等[161]已经在 VT18U、ST4、VT5、VT20 等合金叶片和模压件等的成型中证实了该工艺是有效的，高温氢增塑的最佳氢含量范围为：VT18U、VT3-1、VT9 为 0.2%~0.3%，VT5-1 为 0.3%~0.4%，ST4 和 ST5 为 0.45%。

钛合金高温氢增塑已经在制备 BT18 和 BT25 合金压气机叶片时得到证实[47]。制备 BT18 合金叶片的工艺包括：在 850℃（比标准加工工艺低 100℃）下等温锻造预先渗氢的毛坯，叶片坯在 930℃下进行标准退火。处理后得到了双峰型的组织结构，叶片的尖端形成了双元 α 相组织。在工作应力状态下对叶片的强度和疲劳性能有着良好的影响。与标准加工工艺相比，处理后合金的静态强度提高 10% ~ 20%，低周疲劳抗力提高 16% ~ 18%。叶片的瞬时强度和疲劳强度（2×10^7 次）分别提高 10% 和 16%（见表 6-1）。用氢工艺制备 BT25 合金叶片也获得了类似的效果。

表 6-1 用氢处理工艺制取 BT18 合金叶片的力学性能[47]

加 工 工 艺	σ_b/MPa	δ/%	ψ/%	σ_{-1}/MPa （2×10^7 次）
氢增塑 + 含氢热加工	1190	12	22	510
氢增塑 + 含氢热加工 + 标准退火	1090	14	29	440

哈尔滨工业大学的黄树晖等[162]将钛合金高温氢增塑效应应用于钛合金叶片的等温锻造中（所用的模具和坯料分别如图 6-20 和图 6-21 所示，获得了质量良好的锻件如图 6-22 所示，氢含量 0.25%，锻造温度 850℃，模具下行速度 0.1mm/s），在锻造过程中置氢钛合金等温锻造所需的成型力明显降低，在成型载荷接近时置氢可降低成型温度低约 100℃，减轻了模具的磨损。未置氢与置氢合金叶片的力学性能如图 6-23 所示，发现与未置氢合金相比，置氢合金的室温强度和高温强度增加了约 11%，但是塑性分别降低了约 15% 和 3%。

图 6-20 模具[162]

图 6-21　坯料[162]

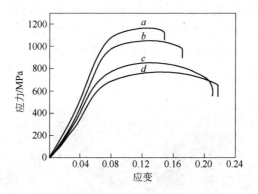

图 6-22　锻造叶片实物照片[162]

图 6-23　Ti-6Al-4V 合金叶片的拉伸曲线[162]

a—置氢合金室温拉伸；b—未置氢合金室温拉伸；
c—置氢合金高温拉伸；d—未置氢合金高温拉伸

7 置氢钛合金的超塑性

7.1 引言

超塑性成型技术是随着国防工业的发展而迅速发展起来的一种新工艺，在国防工业结构件的成型中得到了广泛的应用。钛合金氢致超塑性是钛合金氢增塑技术的一个重要的研究方向之一。

7.2 超塑性

金属材料在一定的内部条件和外部条件下，有时会呈现出异常高的塑性，这种现象称为超塑性（superplasticity，SP），如纯钛的伸长率一般超过300%，钢的伸长率超过500%，Ti-6Al-4V钛合金的伸长率可达1600%。影响材料超塑性的主要因素有内因和外因。内因主要有材料的化学成分、晶格类型、组织等，外因主要有变形时的应力状态、变形温度、变形速度等。也有人用应变速率敏感性指数 m 值来定义超塑性，1964 年美国人 Backofen 提出了应力 σ 和应变速率 $\dot{\varepsilon}$ 的关系式[163]：

$$\sigma = K\dot{\varepsilon}^m \tag{7-1}$$

式中，σ 为真应力；$\dot{\varepsilon}$ 为真应变速率；K 为常数；m 为应变速率敏感性常数，其值为 σ-$\dot{\varepsilon}$ 对数曲线的斜率，一般超塑性材料的 m 值为 0.3 ~ 0.9。

超塑性成型是利用材料的超塑性使材料成型的一种加工方法。金属材料超塑性成型的主要优点有[164]：

（1）能极大降低金属的流动应力，显著提高塑性，便于特殊、复杂形状零件的成型。

（2）制件表面粗糙度低，尺寸较精确，不需要或减少后续加工，既节约加工费用，又减少材料单耗。

（3）回弹减少，尺寸稳定。

（4）组织均匀，使用性能好。

（5）节省能源，节约工时、劳动力，提高生产率。

（6）设计成本低，对模具的要求低。

材料的这种特殊的超塑性现象，引起了国内外学者的广泛重视，从 20 世纪 60 年代开始，世界各国在超塑性材料、力学性能、机理及应用等方面开展了大量的研究工作，并初步形成了完整的理论体系。特别值得注意的是，近几十年来金属超塑性已在工业生产领域获得了较为广泛的应用。一些超塑性的 Ti 合金、Zn 合金、Al 合金、Cu 合金以及黑色金属等以其优异的变形性能和材质均匀等特点，在航空航天以及汽车的零部件生产、工艺品制造、仪器仪表壳罩件和一些复杂形状构件的生产中发挥了不可替代的作用[164]。

7.3　钛合金超塑性

钛合金由于比强度高、抗疲劳、耐腐蚀，能在约 600℃温度下使用，在常温下化学稳定性良好，在航空、航天、化工等工业中的应用不断扩大。但是，钛合金的屈强比高，弹性模量低，在加工后易产生各向异性及回弹。因此，各国对钛合金超塑性进行了深入研究，包括机理、成型条件、模具、模具材料和加工方法等[164]。

表 7-1 列出了国际上一些钛合金的温度、应变速率、m 值和伸长率 δ 等超塑性特性[164]。由表 7-1 可以看出，超塑性特性最好的是 $\alpha + \beta$ 型钛合金，α 型和 β 型钛合金稍差。因为 $\alpha + \beta$ 型钛合金为两相合金，晶粒本来就细小，在超塑性加工过程中两相相互制约，晶粒难以长大，细晶粒可长时间保持下来，有利于超塑性变形。相反，α 型和 β 型钛合金的晶粒不能细化，且 α 型钛合金中不存在有助于提高超塑性的 β 相。β 型钛合金中，由于不存在 α 相，β 相晶粒可迅速长大。

表 7-1　钛合金的超塑性特性[164]

合　金	$T/℃$	$\dot{\varepsilon}/s^{-1}$	m	$\delta/\%$
Ti-6Al-4V	900~980	$1.3 \times 10^{-4} \sim 10^{-3}$	0.75	750~1170
Ti-6Al-5V	850	8×10^{-4}	0.7	700~1100

合　金	$T/℃$	$\dot{\varepsilon}/s^{-1}$	m	$\delta/\%$
Ti-6Al-2Sn-4Zr-2Mo	900	2×10^{-4}	0.67	538
Ti-6Al-4V-2Ni	815	2×10^{-4}	0.85	720
Ti-6Al-4V-2Co	815	2×10^{-4}	0.53	670
Ti-6Al-4V-2Fe	815	2×10^{-4}	0.54	650
Ti-5Al-2.5Sn	1000	2×10^{-4}	0.49	420
Ti-15V-3Cr-3Sn-3Al	815	2×10^{-4}	0.5	229
Ti-13Cr-11V-3Al	800			<150
IMI834	940 ~ 990	$10^{-4} \sim 10^{-3}$	0.6	>400
Ti-6242	850 ~ 940	$10^{-4} \sim 10^{-3}$	0.6 ~ 0.7	800
Ti-10V-2Fe-3Al	700 ~ 750		0.5	910

　　钛合金的超塑性除了与合金本身的组织结构有关外，还与变形条件（如变形温度、变形速率、应力状态等）有关。

　　Ti-15-3 合金在不同状态下所获得的最佳超塑伸长率及其相关因素见表 7-2[165]。由表可知，不同状态的 Ti-15-3 合金在 680 ~ 900℃和 $1 \times 10^{-4} s^{-1} \sim 3 \times 10^{-3} s^{-1}$ 的条件下均具有较好的超塑性能。试样状态对 Ti-15-3 合金超塑性能影响很大，Ti-15-3 合金的超塑性能以冷轧状态最佳，热轧状态次之，固溶状态和退火状态较差。

表 7-2　Ti-15-3 合金最佳超塑伸长率和与之相关的因素[165]

试样状态	温度/℃	应变速率/s^{-1}	伸长率/%	m
冷轧状态	800	28×10^{-3}	320	0.3
固溶状态	800	28×10^{-3}	330	0.3
热轧状态	900	1.7×10^{-3}	412	—
固溶状态	815	20×10^{-3}	229	0.5
冷轧状态	720	20×10^{-3}	520	—
固溶状态	700	20×10^{-3}	375	—
热轧状态	775	0.92×10^{-3}	460	—
热轧状态	800	0.92×10^{-3}	478	—
热轧状态	800	0.92×10^{-3}	600	—
冷轧状态	680	1.1×10^{-3}	490	0.35
冷轧状态	800	1.11×10^{-3}	2529	0.32

　　变形温度对钛合金超塑性也有重要的影响。钛合金的超塑性伸长率一般随着温度的升高而逐渐增大，当达到一定的温度时，伸长率达

到最大值，之后，随着温度的继续升高而急剧下降，如图 7-1 所示[166,167]。这是因为随着温度的升高，晶界会变得越来越不稳定，晶界间的黏滞力逐渐降低，晶界滑移也变得越来越容易，所以试样的伸长率增大。但是如果温度过高，晶界过于软化，晶界间的结合力会下降，α 相数量明显减少，晶粒容易长大，所以在温度达到一定值后，钛合金试样的伸长率将会下降。

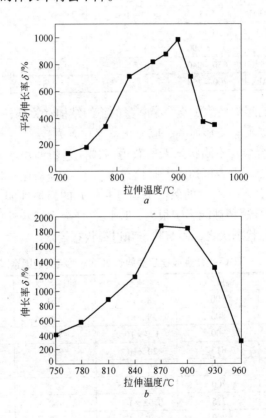

图 7-1   拉伸温度对钛合金伸长率的影响
a—TC21[166]；*b*—TC4[167]

应变速率是影响钛合金超塑性能的重要因素之一。一般来说，合金的超塑性发生在较缓慢的应变速率条件下。因为在高应变速率条件下变形时，位错密度增加较快，晶粒内将出现位错线，于是引起位错塞积，扩散蠕变和位错滑移不能有效地对晶界滑动起协调作用。况且在实际合金中，晶粒尺寸并非完全一致，其形状也不是绝对等轴，所以晶粒在滑动和转动过程中必然在一些地方受阻，从而引起应力集中。因此，使材料内部变形的协调过程来不及进行，应变硬化不能充分消除，应力集中得不到及时松弛，不利于均匀变形，故超塑性能较差。反之，应变速率过低时，试样拉伸时间过长，再结晶充分，晶粒容易长大，使得可滑动的界面减少，晶界的滑动性降低；同时应变速率过低，试件在高温下停留时间较长，容易被氧化，也会影响到合金的超塑性能[167]。图 7-2 所示为应变速率对钛合金伸长率

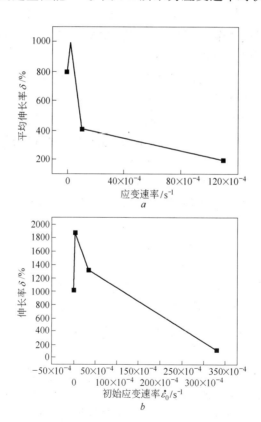

图 7-2 应变速率对钛合金伸长率的影响

a—TC21[166]；b—TC4[167]

的影响。可以看出，应变速率对钛合金超塑伸长率的影响较大，存在一个超塑性最佳的应变速率，应变速率太小或太大时合金的伸长率均较低。

在各种类型超塑性中，细晶超塑性是目前国内外广泛研究的一种性能。获得细晶超塑性的基本条件之一是材料应具有微细等轴晶粒，但通常获得细晶组织的技术难度很大。为此，若使钛合金超塑性技术得到广泛应用，其发展重点是使大晶粒或原始粗大组织也能获得一定的超塑性，实现快速成型，并朝成型温度区间宽和成型温度低的方向发展[168]。降低钛合金超塑成型温度的方法有[168,169]：

（1）添加共析反应元素（如铬、锰、铁、钴、铌、镍）。含2%Fe 的 α+β 型钛合金 SP-700，其最佳超塑性温度在 775℃ 左右，比Ti-6Al-4V 合金的低 140℃。

（2）细化晶粒。材料的超塑变形行为强烈依赖于晶粒尺寸，晶粒尺寸减小可使材料获得最佳超塑性的应变速率提高，或变形温度降低。在细晶超塑性研究中，遇到的最大困难就是如何获得等轴细晶组织。目前，制备超细晶材料的工艺方法主要有气相沉积、非晶合金晶化、机械合金化及大塑性变形等。其中，大塑性变形方法由于具有能够制备出致密无孔洞的大块材料以及能够在很大尺度范围内调节晶粒尺寸、工艺简单、成本低廉等优点而日益引起人们的重视。

（3）增加 β 相稳定化元素（其中包括氢）。

利用材料的超塑性发展起来的超塑成型技术，具有成型压力小、成型性好、设计自由度大、零件整体性好、无残余应力、材料利用率高等优点，尤其是在与扩散连接工艺的成功组合以及难成型材料（陶瓷、金属间化合物）的超塑性研究取得突破之后，已经成为一项重要的先进制造技术。这项先进技术在钛合金的成型方面已经得到了广泛的应用。较常用的超塑成型技术主要有超塑性等温锻造、气压成型、超塑性成型与扩散连接（SPF/DB）、超塑性挤压、超塑深拉伸、真空成型等[164]。等温锻造是近年来国外发展的一种新工艺。该工艺由于具有加工工序少、能获得近净形形状以及有效控制组织结构等优点而日益成为航空航天等领域钛合金零部件制备的优选工艺。美国在

20 世纪 70 年代就已把等温锻造工艺应用于航天飞机发动机涡轮盘的生产。美国普拉特·惠特尼公司采用称为"GATOR-IZING"的等温锻造工艺锻成了发动机的压气机盘。日本制作的高尔夫球头（Ti-SP700）、烹调用平底煎锅（Ti-6-4）和较昂贵的剪刀（SP700）等产品均采用等温锻造工艺成型。国内在这方面也取得了一些成就，如某研究所用等温锻造方法生产出 ϕ402mm 的 TC11 压气机盘；北京机电研究所和北京有色金属研究院等单位利用该方法将 TC3（热轧板）和 TC4（锻坯）制成轴向有 72 个叶片，ϕ101.2mm 的整体涡轮盘；上海钢研所等单位对 Ti-5Al-4Mo-9Cr-2Sn-2Zr 进行了等温锻造，生产出超声换能器变幅杆和带叶片的整体涡轮盘，节约了工时，降低成本 20% ~ 30%。气压成型是最能体现超塑性成型全部特点的一种新工艺，该方法由苏联发明并于 1975 年获得专利，主要用于板材加工制造复杂形状的空心零件。独联体国家用此方法制造了钛材压力容器、气瓶及钛合金板材的壳体。美国制造了宇航用钛合金零件。北京机电研究所等单位对 TC3、TC4、TB2 板、箔材进行了超塑性气压成型，制成了波纹板、盆、框形件、高压球形无焊缝气瓶、球底件等。SPF/DB 技术[170]是利用钛合金在特定的显微组织、温度及拉伸量下，合金的伸长率超过 100%、甚至可达 1000% 的特性，进行超塑成型；同时在同等条件下，把温度控制在合金的熔点以下进行焊接，在足够的热量和压力之下，使两块金属的接触面上的原子和分子相互扩散，从而连接成一个整体。钛合金的"超塑性成型"温度和"超塑性扩散连接"温度极为接近，同时进行这两项工艺可以将形状相当复杂的大型构件一次直接加工出来，成型出整体无连接形状复杂的零件（包括空心构件）。SPF/DB 技术在航空、航天结构件上的应用日益扩大，正是适应了钛合金薄壁整体结构设计的新构想，使成型与连接一体化。自从 1970 年美国洛克威尔公司发明了钛合金超塑成型/扩散连接（SPF/DB）组合工艺后，此项技术以其独特的优越性迅速成为举世瞩目的制造钛合金结构件新技术。另外，在英国、法国、德国、俄罗斯以及日本等国，钛合金 SPF/DB 技术的研究和应用发展也很快，欧美、日本及我国在钛合金 SPF/DB 结构件的应用情况如表 7-3 和表 7-4 所示。

表7-3 欧美以及日本钛合金 SPF/DB 结构件的应用情况[164]

应 用 领 域	应 用 部 位	主要经济指标
BAc125/800 行政机	应急舱门	减重 10%，降低成本 30%
EAP 战斗机	前缘缝翼、进气道、后机身下整流片	减重 10%～20%
Mirage-2000	垂直尾翼、机翼前缘延伸边条	减重 12.5%
A330，A340	机翼检修口盖、驾驶舱顶盖、缝翼传动机构、密封罩、管形件、尾锥	减重 46%
雅克 42 客机	发动机检修舱门	减重 1.2kg，降低成本 53%
ATP 直升机	检修舱门	降低成本 40%
三菱重工	隔框、龙骨舱门、壁板	
阵风战斗机	前缘缝翼	减重 45%，降低成本 40%
狂风战斗机	机身框架、隔热罩、进气道、热交换导管、发动机止推座	减重 10%，降低成本 30%～70%
F-15 战斗机	隔热板、后机身上部钛外壳、起落架舱门、发动机喷口	减重 72.6kg
B-1B 轰炸机	风挡热气喷口、短舱隔框舱门	减重 50%，降低成本 40%
B-1 轰炸机	短舱框架、检修舱门	减重 31%，降低成本 50%
F-18 战斗机	20 多种 SPF、SPF/DB 件	

表7-4 国内钛合金 SPF/DB 装机件[164]

构 件 名 称	结 构 特 点	主要经济指标
某机框锻件	钛合金 SPF/DB 工艺代替热成型工艺	减重 8.8%，降低成本 47%

构件名称	结构特点	主要经济指标
舱门	钛合金 SPF/DB 件代替铝合金铆接件，零件数由 52 件减少到 22 件，紧固件从 840 个减少到 103 个	减重 15%，降低成本 53%
电瓶罩	钛合金 SPF/DB 件代替不锈钢件	减重 47%，降低成本 50%
发动机维护口盖	钛合金 SPF/DB 件代替铝合金铆接件	减重 20.5%，降低成本 55%
某机整段框（主承力框）	框分为 6 段，全部用钛合金 SPF/DB 件	减重 12%，降低成本 30%

目前，钛合金超塑性应用领域以航空航天等工业为主，钛合金的超塑性成型已经成为一种推动现代航空航天结构设计概念发展和突破传统钣金成型方法的先进制造技术。目前，只有将材料加热到 $0.5T_m$（材料熔点）才能实现超塑性。因此，对于一些高熔点的材料，必须在较高的温度下才能实现超塑性。作为高熔点材料，钛合金的超塑性成型温度一般为 900~930℃，高温和长时间的成型会导致零件组织粗大、性能降低，并导致模具寿命低、制造成本高等问题，制约了该技术的进一步发展[171]。

7.4 钛合金氢致超塑性

鉴于钛合金超塑性成型过程中存在的问题，如何提高钛合金超塑性成型时的伸长率指标，并降低钛合金超塑性成型时的变形温度，对于促进钛合金超塑性成型的应用具有重要的作用。氢处理技术可以有效降低钛合金的超塑性成型温度、提高变形速率，为实现钛合金的低温高速超塑性提供了一条可行的途径[171]。目前，许多学者已利用氢处理技术改善铸钛、变形钛合金和钛铝金属间化合物等的超塑性性能。运用氢处理技术提高钛合金的超塑性性能的途径主要有两种[80]：

（1）利用氢增塑性效应，在钛合金超塑性成型之前加入适量的氢，提高钛合金中β相的比例，降低超塑性变形时的流动应力，达到改善钛合金超塑性性能的目的。

（2）利用氢处理细化钛合金的微观组织，结合塑性成型技术制备超细晶钛合金，使钛合金在较低的变形温度和较高的变形速率下具有优异的超塑性性能。

国内外学者研究表明氢对钛合金的超塑性性能具有双重影响[172]，一方面，钛合金渗氢可显著降低超塑性成型温度和流变应力，提高应变速率；另一方面，氢使合金的最佳应变速率敏感性指数和伸长率下降，变形激活能升高，只有适当地控制氢含量和变形条件才能发挥氢的积极作用。

国内外很多学者开展了钛合金超塑性成型的研究工作，研究表明，氢处理技术可以改善α型钛合金、α+β型钛合金、β型钛合金、TiAl、Ti基复合材料等的超塑性性能。

张少卿[64,173]、侯红亮[171,174]、宫波[65]等对Ti-6Al-4V合金的超塑性变形行为进行了大量的研究。韩坤和侯红亮等[171]对置氢0.11%的Ti-6Al-4V合金的超塑性变形行为进行了研究，发现置氢可以显著改善Ti-6Al-4V的超塑性变形行为，在860℃可获得最佳超塑性，其伸长率可达1530%，峰值应力比原始合金降低了15~33MPa，应变速率敏感性指数m值提高到0.497，变形激活能为322kJ/mol，最佳超塑性变形温度比原始合金降低了40~60℃，结果如图7-3和图7-4所示。

韩坤和侯红亮等[174]研究了氢含量对Ti-6Al-4V合金的超塑性变形行为，发现置氢后所有氢含量的峰值应力均比未置氢的峰值应力有显著的降低，而随着氢含量的增加，置氢Ti-6Al-4V超塑变形真应力-真应变曲线呈软化型、稳态型和双峰型3种典型特征。低氢时（置氢0.11%），其软化作用占主导地位；置氢0.19%左右时，软化与硬化作用在相当一段变形过程相平衡；高氢时（0.32%~0.48%），由于受到初始的屈服与溶质原子钉扎的位错开动的影响，呈双峰型特征，结果如图7-5所示。

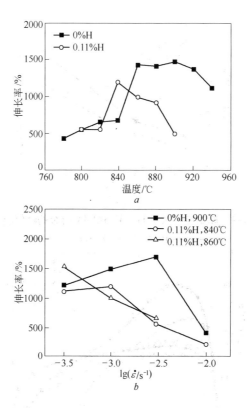

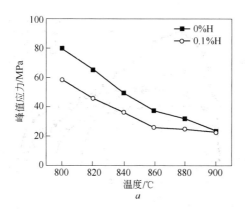

图 7-3 原始与置氢 0.11% Ti-6Al-4V 合金的伸长率

$a—\dot{\varepsilon}=10^{-3}\,\mathrm{s}^{-1}$；$b—T=840、860、900℃^{[171]}$

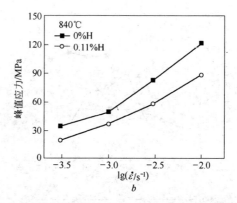

图 7-4 原始与置氢 0.11% Ti-6Al-4V 合金的峰值应力

$a—\dot{\varepsilon} = 10^{-3}\,\text{s}^{-1}$；$b—T = 840\,℃\,^{[171]}$

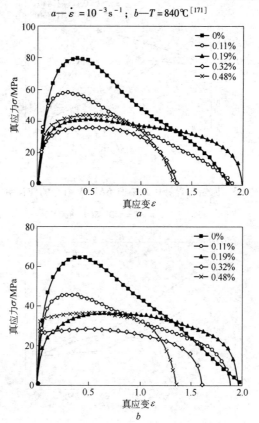

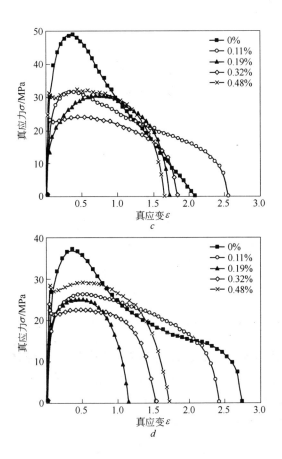

图 7-5　原始和置氢 Ti-6Al-4V 合金在应变速率 $10^{-3}\,\mathrm{s}^{-1}$ 下真应力-真应变曲线

a—800℃；b—820℃；c—840℃；d—860℃[174]

高文和张少卿等[173]研究了氢对 TC11 合金超塑性的影响，发现渗氢也能显著提高 TC11 合金的超塑性，在 1123K 下含氢 0.18% 试样的流变应力可降到未渗氢试样流变应力的一半以下。渗氢提高了合金的超塑性伸长率指标，降低了合金的形变激活能。

杜忠权、Zhang 等[93,157]对 β 型钛合金 Ti-10V-2Fe-3Al 合金的组织和超塑性进行了研究，发现氢处理可以细化合金的晶粒，从而大大有利于合金的超塑性变形，使合金的伸长率增大，并使其最佳超塑性变形的应变速率条件提高一个数量级。

丁桦等[175]研究了氢对 Ti-24Al-14Nb-3V-0.5Mo 合金超塑变形的影响，发现渗氢可以降低合金超塑变形时的流变应力，使材料超塑变形时的最大 m 值向较低的温度区域移动，结果如图 7-6 所示。

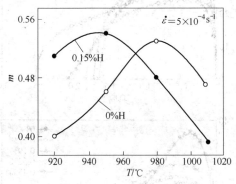

图 7-6　Ti-24Al-14Nb-3V-0.5Mo 合金的 m-T 关系曲线[175]

Lu 等[176]研究了氢对（TiB + TiC）/Ti-6Al-4V 复合材料超塑性的影响，发现氢可以降低材料的最佳超塑性成型温度，提高超塑性成型时的应变速率，显著降低材料的流变应力，提高材料的应变速率敏感性指数 m 值，如图 7-7 和图 7-8 所示。

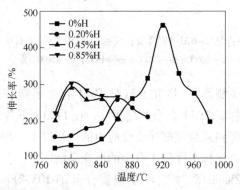

图 7-7　置氢（TiB + TiC）/Ti-6Al-4V 复合材料超塑性变形时温度与
伸长率的关系（$1 \times 10^{-3}\,\mathrm{s}^{-1}$）[176]

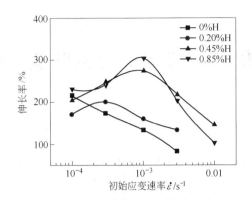

图 7-8　应变速率对置氢（TiB + TiC）/Ti-6Al-4V
复合材料伸长率的影响（800℃）[176]

7.5　钛合金氢致超塑性机理

现代超塑性微观理论强调晶界滑动是超塑性变形的主要方式，扩散和晶内及晶界的位错运动是晶界滑动的两种主要协调机制，扩散和位错运动在超塑性流变中起主要作用。

钛合金加氢改善超塑性的主要原因[7]可能为：

（1）氢使合金元素扩散能力的提高直接导致增强超塑变形时 β 相扩散蠕变作用和 α 晶界滑动的扩散协调作用；

（2）氢的扩散激活了钉扎中的位错，促进了位错的攀移和滑动，改善了 β 相的流变能力，有利于 α 晶界滑动所要求的位错协调作用；

（3）氢致弱键效应减小了扩散激活能，增强了原子的扩散能力，改善了超塑性的流变能力；

（4）氢使 β 转变温度下降，β 相数量增加，直接导致流变应力降低和塑性的提高，同时依据最佳超塑性温度与 β 转变温度之比约为 0.9 的条件，最佳超塑性成型温度也相应下降。

8 置氢钛合金的除氢工艺

8.1 引言

钛合金中加入适量的氢可以显著提高钛合金室温塑性、高温塑性以及超塑性等，氢的有益作用主要体现在钛合金的加工过程之中，但是氢在钛合金的服役过程中存在不利的影响[7]。因而，利用钛合金的热氢处理技术有效地控制钛氢系统的氢含量、存在状态及相变过程，以实现加工性能的优化，最大限度地发挥氢的积极作用。在置氢钛合金塑性成型之后，必须利用氢的可逆合金化作用，经真空退火去除钛合金中的氢，使其含量恢复到安全水平（氢含量一般控制在0.015%以下），保证钛合金制件在服役过程中不发生氢脆。

因此，作者对置氢 Ti-6Al-4V 合金进行了热重分析，制定置氢钛合金的真空除氢处理规范，并对除氢 Ti-6Al-4V 合金的微观组织、室温拉伸性能以及压缩性能等进行研究。在本书第 4 章已介绍作者利用原位拉伸试验对除氢 Ti-6Al-4V 合金拉伸过程中裂纹的萌生、扩展及断裂的全过程进行了观察和分析，并分析了除氢合金的断裂模式。

8.2 差热及热重分析实验方法

在德国耐驰（Netzsch）公司生产的 STA-449C 型综合热分析仪上对合金进行差热（differential scanning calorimetry，DSC）和热重（thermogravimetry，TG）试验。测试样品的尺寸为 $\phi 4mm \times 2mm$，试验前用砂纸将待测样品表面打磨光亮后用酒精清洗。试验条件为：试验加热温度为室温至 1200℃，升温速率为 10℃/min，坩埚材料为 Al_2O_3，氩气保护流量为 45mL/min。

8.3 除氢规范的制定

为了制定置氢 Ti-6Al-4V 合金的除氢处理规范，作者对未置氢及置氢 Ti-6Al-4V 合金进行了热重试验，得到了合金的重量随温度和时间的变化规律，分析了合金的失重率、初始分解温度及终止温度。A组未置氢及置氢 Ti-6Al-4V 合金从室温加热到 1200℃过程中，合金的重量随温度和时间的变化曲线如图 8-1 所示。

由图 8-1a 可以看出，在加热的初始阶段，未置氢 Ti-6Al-4V 合金的 TG 曲线存在波动，这是由阿基米得浮力等引起的试验误差。随着加热温度的升高，合金的重量逐渐增加，这是因为钛与氧发生了氧化反应，从而导致合金重量的增加。虽然在热重试验过程中采用氩气进行保护，尽量减少合金发生氧化反应，但是试验系统中难免仍存在微量的氧气，由于钛是一种化学性质非常活泼的元素，与氧具有很强的亲和力，极易发生反应。因此，随着加热温度的升高，未置氢

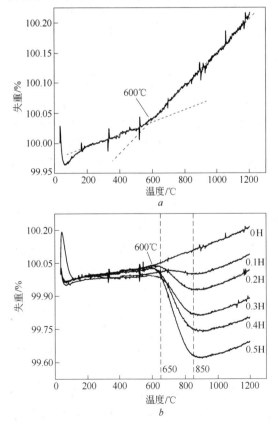

a

b

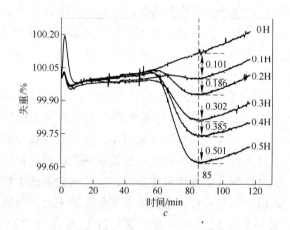

图 8-1　A 组 Ti-6Al-4V 合金的热重曲线

a—未置氢 Ti-6Al-4V 合金热重曲线；b—失重-温度曲线；c—失重-时间曲线

Ti-6Al-4V 合金的重量逐渐增加。当温度低于 600℃ 时，合金的重量呈线性增加，但斜率较小，表明氧化反应较慢。在加热至 600℃ 以后，合金重量的增幅明显增大，仍呈线性增加的趋势，但是其斜率明显增大，这是因为钛的化学活性随温度的升高而增强，增大了合金的氧化反应速度，从而使合金的重量增幅更为明显。

由图 8-1b 和图 8-1c 可以看出，当加热温度低于 600℃ 时，置氢 Ti-6Al-4V 合金的重量略有增加，但是变化不明显，表明此时合金没有发生明显的氧化。但是当温度升高至 600℃ 时，置氢 Ti-6Al-4V 合金的重量变化规律与未置氢 Ti-6Al-4V 合金的重量变化规律明显不同，置氢 Ti-6Al-4V 合金的重量呈逐渐下降的趋势，表明置氢合金中的含氢亚稳相开始分解，其初始分解温度为 600℃。随着加热温度的增加，置氢 Ti-6Al-4V 合金的失重量逐渐增大。当温度升高至 900℃ 左右时，不同氢含量的置氢 Ti-6Al-4V 合金均达到最大失重量，表明此时不同氢含量的置氢合金中的氢均完全除去，其终止分解温度为 900℃。在加热温度超过 900℃ 以后，置氢 Ti-6Al-4V 合金的重量变化规律与未置氢合金的重量变化规律相同，均呈线性增加的趋势，且其斜率均相同，表明置氢 Ti-6Al-4V 合金也与未置氢 Ti-6Al-4V 合金一样发生了剧烈的氧化反应。在 600~900℃ 的加热温度范围内，随着氢含量的增加，置氢合金的失重量逐渐增大，不同氢含量的置氢合金在900℃均达到最大失重，且除去氧化因素的影响，置氢合金的最大失重量均与相应合金的氢含量相当，表明置氢合金的失重发生在600~900℃温度范围内，且合金中的氢完全除去。

在650~850℃温度范围内，置氢 Ti-6Al-4V 合金的重量下降较快，失重率较高，表明置氢 Ti-6Al-4V 合金的失重主要发生在该温度范围内。随着温度的升高，置氢合金的失重率从600℃开始逐渐增大，然后又逐渐降低，直至到900℃时失重完毕，当加热至750℃左右时合金的失重率最高。所以，本书选择750℃作为置氢 Ti-6Al-4V 合金的除氢温度。因为不同氢含量的置氢 Ti-6Al-4V 合金的失重量和失重率随加热温度和时间的变化趋势相同，且均在同一温度和时间内达到最大值。因此，不同氢含量的置氢 Ti-6Al-4V 合金均选择在相同的除氢处理规范下进行除氢处理。

文献［95］对置氢 Ti-6Al-4V 合金进行了真空除氢处理，试验结果如表8-1所示。可以看出，经真空除氢处理后，置氢 Ti-6Al-4V 合金中的氢含量急剧减少。但是在600℃进行除氢处理时，合金中的残余氢较多，除氢效果不好。由热重试验结果可知，置氢 Ti-6Al-4V 合金的初始分解温度为600℃，在此温度下进行除氢处理时，置氢 Ti-6Al-4V合金中氢的分解速率很低，导致合金的除氢效果不理想。

表 8-1　除氢 Ti-6Al-4V 合金中的氢含量[95]

置氢合金的氢含量(质量分数)/%	除氢规范	除氢合金的氢含量(质量分数)/%
1.0	600℃/8h	0.550
1.0	700℃/8h	0.125
0.4		0.033
1.0	700℃/12h	0.117
0.35		0.023
0.15		0.017
0.54	750℃/8h	0.071
0.93		0.026
0.13		0.034
1.42		0.044
1.44		0.037

随着温度的升高，合金的除氢效果增大。对除氢后剩余氢含量为2.3%的合金进行了化学分析，测得合金中的剩余氢含量为 6.67×10^{-6}（$< 20 \times 10^{-6}$），达到了安全浓度。由此可见，除氢温度低于700℃时，不能保证合金中的氢含量达到安全浓度。当除氢温度高于800℃时，可能会导致合金的晶粒长大，降低组织弥散程度。因此，本书制定的除氢处理规范为在750℃下进行真空热处理，保温时间为11h。

将部分 A 组 Ti-6Al-4V-xH 合金在真空扩散焊机中进行除氢处理。除氢处理工艺为：真空度为 1×10^{-6} torr，从20℃开始以30℃/min 的速率升温至750℃，保温时间为11h，以保证除氢后合金中的氢含量在安全浓度以内，并随炉冷却至室温。用 Miro Sartorius 精密电子天平测量除氢后试样的重量，以确定除氢后合金的氢含量。

8.4 除氢 Ti-6Al-4V 合金的微观组织

A 组置氢 Ti-6Al-4V 合金真空除氢处理后的微观组织如图 8-2 所示。由图可知，除氢 Ti-6Al-4V 合金的微观组织与置氢 Ti-6Al-4V 合金的微观组织有密切的关系。除氢 Ti-6Al-4V 合金的晶粒大小及形貌与相应的置氢合金相似（如图 3-3 和图 8-2 所示），表明除氢处理没有改变合金的组织形貌。这是由于钛合金的组织具有遗传性，导致除氢 Ti-6Al-4V 合金的组织无法恢复至未置氢时的状态。在置氢 Ti-6Al-4V 合金的真空除氢过程中，合金中的亚稳相会发生分解，转变成稳定的 α 相和 β 相，主要有以下转变：$\alpha'_H \rightarrow \alpha + \beta + H_2 \uparrow$、$\alpha''_H \rightarrow \alpha + \beta + H_2 \uparrow$、$\delta \rightarrow \alpha + \beta + H_2 \uparrow$、$\alpha_H \rightarrow \alpha + H_2 \uparrow$ 以及 $\beta_H \rightarrow \alpha + H_2 \uparrow$ 等。在置氢 Ti-6Al-4V 合金的除氢过程中，由氢所稳定的那部分 β 相转变为 α 相，而由其他元素（如 V 等）所稳定的那部分 β 相则保持不变。亚稳相的分解导致组织的碎化，从而得到细小的 α + β 组织，如图8-3所示。虽然晶粒内的组织得以细化，但是除氢 Ti-6Al-4V 合金仍保留置氢合金的晶粒形貌。

对除氢 Ti-6Al-4V 合金进行 X 射线衍射分析，以测定合金中相的组成，结果如图 8-4 所示。由图可知，除氢 Ti-6Al-4V 合金的衍射峰与未置氢 Ti-6Al-4V 合金的衍射峰值（图 3-5）相同，表明除氢 Ti-6Al-

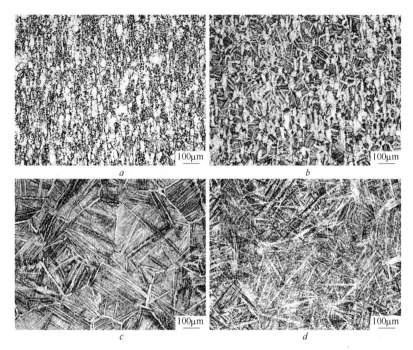

图 8-2　除氢 Ti-6Al-4V 合金的微观组织

a—0.1H + D（除氢）；b—0.2H + D；c—0.3H + D；d—0.5H + D

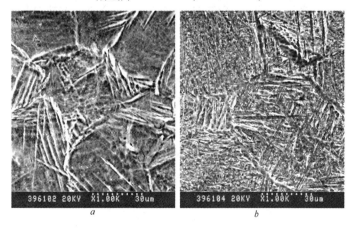

图 8-3　除氢 Ti-6Al-4V 合金的 SEM 组织

a—0.3H；b—0.3H + D

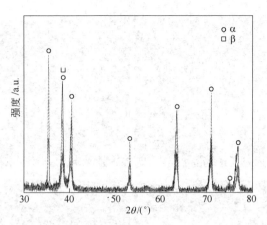

图 8-4 除氢 Ti-6Al-4V 合金的 XRD 图谱

4V 合金由 α 相和 β 相组成，说明除氢处理使置氢 Ti-6Al-4V 合金中的亚稳相分解成稳定的 α 相和 β 相。这是因为氢是钛合金的可逆合金化元素，通过降低外界的氢压，可以将合金中固溶的氢及氢化物分解成氢气，从合金中逸出，使合金中的氢含量降低到安全指标之内。

8.5 差热分析

A 组未置氢及不同氢含量置氢 Ti-6Al-4V 合金的差热分析曲线如图 8-5 所示。由图可知，未置氢 Ti-6Al-4V 合金加热过程中在 950℃

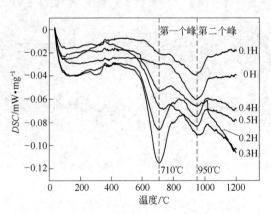

图 8-5 A 组 Ti-6Al-4V-xH 合金差热分析曲线

左右出现一个吸热峰。该吸热峰表示 α 相向 β 相转变，钛合金的同素异构转变是在一个温度区间内完成的。该峰的起始温度表示 α 相开始向 β 相转变，终止温度表示 α 相完全转变成 β 相。

而在不同氢含量的置氢 Ti-6Al-4V 合金的加热过程中，均出现两个明显的吸热峰，且吸热峰的峰值温度基本相同。其中第一个吸热峰与其 TG 曲线的失重段相对应，表示置氢 Ti-6Al-4V 合金中的含氢亚稳相发生了分解，表现为吸热反应。随着氢含量的增加，第一个吸热峰逐渐增大，表明置氢 Ti-6Al-4V 合金中含氢亚稳相的含量随氢含量增加而逐渐增多，这是由于氢是 β 相稳定性元素所致。第二个吸热峰表示 α 相向 β 相转变，且其峰值大小基本相同，表明有相同含量的 α 相转变成 β 相。

8.6 除氢 Ti-6Al-4V 合金的室温拉伸性能研究

对各除氢 Ti-6Al-4V 合金进行室温拉伸试验，拉伸速度为 0.5mm/min，其真实应力应变曲线如图 8-6 所示。由图可知，经真空除氢处理后，Ti-6Al-4V 合金的拉伸性能有所恢复。对未置氢、置氢及其除氢 Ti-6Al-4V 合金的伸长率、抗拉强度、屈服强度、弹性模量和维氏硬度等室温拉伸性能进行比较，以揭示氢对合金拉伸性能的影响规律，结果如图 8-7 所示。未置氢 Ti-6Al-4V 合金的伸长率、抗拉强

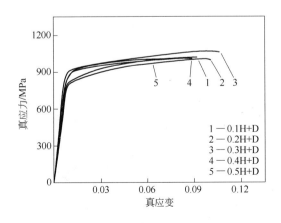

图 8-6 除氢 Ti-6Al-4V 合金的拉伸真实应力应变曲线

度、屈服强度、弹性模量和维氏硬度等拉伸性能指标最高。随着氢含量的增加，置氢 Ti-6Al-4V 合金的各拉伸性能逐渐降低。经真空除氢处理后，合金的各拉伸性能趋于均匀，比置氢 Ti-6Al-4V 合金的有所提

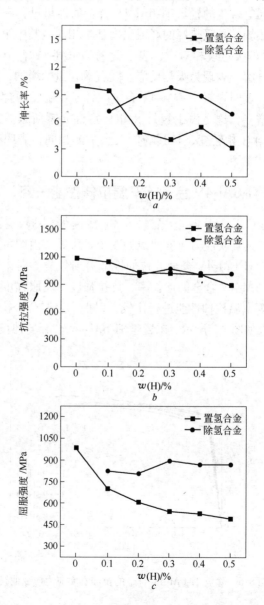

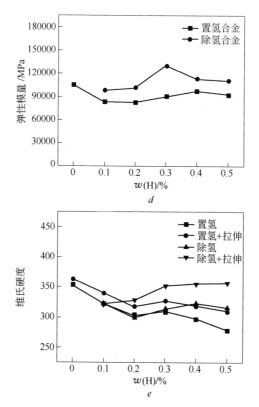

图 8-7 未置氢、置氢及其除氢 Ti-6Al-4V 合金的拉伸性能对比

a—伸长率；*b*—抗拉强度；*c*—屈服强度；*d*—弹性模量；*e*—维氏硬度

高，但仍比未置氢 Ti-6Al-4V 合金的低。表明除氢处理除去了置氢 Ti-6Al-4V 合金中的固溶氢及氢化物，使其性能有所恢复。但是由于除氢合金的组织不能完全恢复到原始状态，导致其拉伸性能无法完全恢复。

对各除氢 Ti-6Al-4V 合金的拉伸断口形貌进行观察，以分析除氢合金的断裂模式，如图 8-8 所示。由各除氢 Ti-6Al-4V 合金的拉伸断口形貌可以看出，各除氢 Ti-6Al-4V 合金的断口表面上都是韧窝，与未置氢 Ti-6Al-4V 合金的拉伸断口形貌相似，表明除氢 Ti-6Al-4V 合金的断裂模式也是韧性断裂。这也可以由除氢 Ti-6Al-4V 合金的原位拉伸试验结果分析中得到证明。

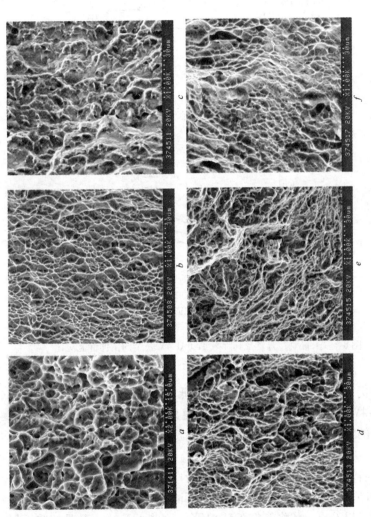

图 8-8　未置氢及除氢 Ti-6Al-4V 合金的拉伸断口形貌

a—0.0H; b—0.1H + D; c—0.2H + D; d—0.3H + D; e—0.4H + D; f—0.5H + D

8.7 除氢 Ti-6Al-4V 合金的室温压缩性能研究

对各除氢 Ti-6Al-4V 合金进行室温压缩试验，压缩速度分别为 0.5mm/min 和 5mm/min，各除氢 Ti-6Al-4V 合金的压缩真实应力应变曲线如图 8-9 所示。可知，除氢后合金的压缩性能趋于均匀。对未置氢、置氢以及其除氢 Ti-6Al-4V 合金的极限变形率、抗压强度、屈服强度和弹性模量等室温压缩性能进行对比，以揭示氢对 Ti-6Al-4V 合金的室温压缩性能的影响规律，结果如图 8-10 所示。可以看出，

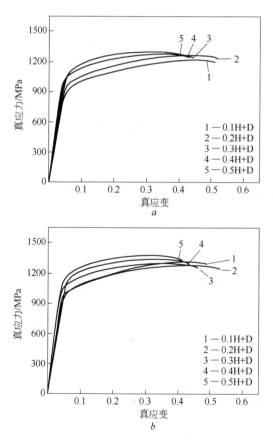

图 8-9 除氢 Ti-6Al-4V 合金的压缩真实应力应变曲线

a—0.5mm/min；*b*—5mm/min

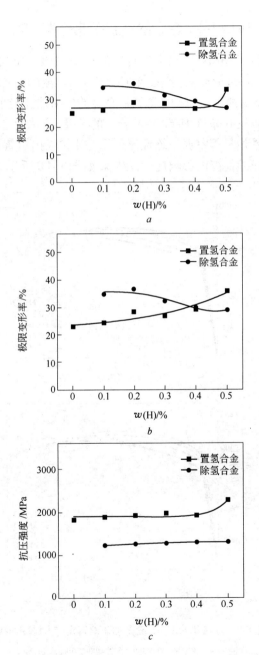

a

b

c

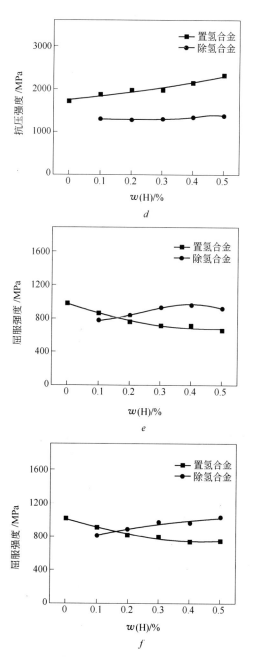

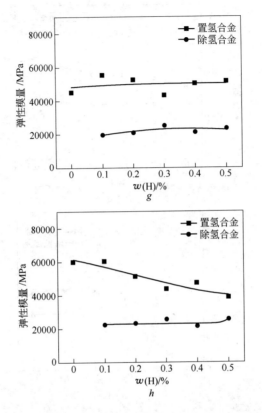

图 8-10 未置氢、置氢及其除氢 Ti-6Al-4V 合金压缩性能对比

a—极限变形率，0.5mm/min；b—极限变形率，5mm/min；
c—抗压强度，0.5mm/min；d—抗压强度，5mm/min；
e—屈服强度，0.5mm/min；f—屈服强度，5mm/min；
g—弹性模量，0.5mm/min；h—弹性模量，5mm/min

置氢后，合金的极限变形率随氢含量的增加逐渐增大。除氢后，合金的极限变形率随原氢含量的增加略有下降。当氢含量低于 0.4% 时，除氢 Ti-6Al-4V 合金的极限变形率高于相应置氢 Ti-6Al-4V 合金的极限变形率，这是由于除氢后合金的组织细化导致的。当氢含量高于 0.4% 时，除氢 Ti-6Al-4V 合金的极限变形低于置氢 Ti-6Al-4V 合金的极限变形，这是由于置氢 Ti-6Al-4V 合金的塑性 β 相含量较高导致的,而除氢 Ti-6Al-4V 合金中由氢稳定的那部分 β 相则发生了分解,最终转变成了 α 相,虽然除氢 Ti-6Al-4V 合金的组织发生了细化,但是其塑性 β 相的含量减少了。置氢后,合金的抗压强度随氢含量的增加而逐渐增大。而除氢 Ti-6Al-4V 合金的抗压强度均低于置氢 Ti-6Al-4V 合金的抗压强度,且其抗压强度变化不明显。除氢 Ti-6Al-4V 合金抗压强度的降低是由于合金中的氢化物发生了分解,并且固溶氢从合金中逸出,导致合金的抗压强度降低。置氢后,合金的屈服强度随氢含量的增加而逐渐降低。除氢后,合金的屈服强度逐渐恢复,不同氢含量除氢 Ti-6Al-4V 合金的屈服强度变化不明显,且均低于未置氢 Ti-6Al-4V 合金的屈服强度。置氢后,合金的弹性模量随氢含量的增加呈逐渐降低的趋势。而除氢后,合金中由于氢的去除使弹性模量恢复,且不同原始氢含量的除氢 Ti-6Al-4V 合金的弹性模量变化不大。

置氢及除氢钛合金的使用性能

9.1 引言

钛合金是一种理想的金属结构材料。然而，钛合金具有较低的塑性剪切抗力、低的加工硬化率以及表面氧化膜较弱的保护作用等特点[177,178]，导致钛合金的耐磨性较差，当用作滑动件时，易产生磨损，降低了钛合金构件的安全性和可靠性，限制了钛合金在摩擦磨损领域的应用。

钛合金的热氢处理技术是把氢作为一种临时的合金化元素，利用氢改善钛合金的工艺性能和力学性能，对置氢钛合金进行加工之后，再利用真空退火去除合金中的氢，使钛合金在以后使用过程中不发生氢脆。所以，有必要对除氢钛合金在使用过程中的性能进行研究。

另外，不论是在钛合金的熔炼和加工过程中，还是在使用过程中，钛合金都面临着吸氢的问题。当钛合金与含氢环境接触时，氢会渗入到合金中。近年来，由于能源工业、化学工业的高速发展，吸氢环境大大增多。钛合金中氢的渗入会对其摩擦磨损性能产生重要的影响。氢致磨损，在航空工业、铁路运输、汽车工业、造船工业以及高寒地带工业等部门都是存在的。所以，有必要深入研究氢对钛合金摩擦磨损性能的影响。

因此，作者利用销盘式摩擦磨损试验机在室温大气中对未置氢、置氢以及其除氢 Ti-6Al-4V 合金进行干滑动摩擦磨损试验，以研究氢对钛合金摩擦磨损性能的影响。利用 SEM、EDS 等材料分析技术对 Ti-6Al-4V 合金销试样及对磨盘的微观形貌和化学成分进行观察和分析，以揭示氢对 Ti-6Al-4V 合金摩擦磨损性能的影响机制，为热氢处理技术在钛合金中的应用提供理论指导。

9.2 摩擦磨损试验方法

利用 M-200 型摩擦磨损试验机在室温大气中对合金进行干滑动摩擦磨损试验，对磨形式为销盘式，其工作原理如图 9-1 所示。试验过程中保持销试样固定不动，通过对磨盘的旋转获得纯滑动。销试样的形状及尺寸如图 9-2 所示，试样待磨面的直径为 2mm，将试样的待磨面用 2000 号的金相砂纸进行打磨，使其表面粗糙度低于 0.2μm，并将试样用丙酮溶液在超声波清洗器中进行清洗。对磨盘材料为 GCr15 轴承钢，其尺寸为 φ50mm×5mm，硬度为 HRC 48~50。摩擦磨损试验的条件为：法向载荷为 4N，滑动速度为 1m/s，磨损时间为 30min。

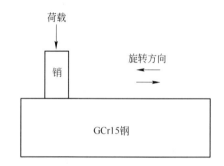

图 9-1 销盘式摩擦磨损试验示意图

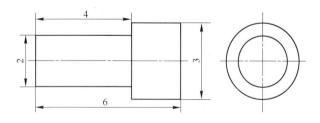

图 9-2 销试样的形状及尺寸（单位：mm）

摩擦磨损试验过程中，利用计算机自动采集试验数据且控制试验机的运行，并将采集的数据自动绘制成摩擦系数随摩擦时间的关系曲线。摩擦系数是通过摩擦力矩的平均值经过换算得出来的，依库仑定律：

$$F - \mu \times N \tag{9-1}$$

式中　F——摩擦力，N；

　　　μ——销盘间的动摩擦系数；

　　　N——正压力，N，即试验时的负荷值。

摩擦力 F 和试样旋转半径 r 的积即为试验机测得的摩擦力矩 M。所以，μ 可按下式计算：

$$\mu = F/N = M/(rN) \tag{9-2}$$

　　本书采用磨损率来衡量材料的耐磨性。磨损率采用称重法测定，试验前，试样经砂纸打磨、丙酮的清洗、酒精的清洗、充分干燥后进行称重。摩擦磨损试验结束后，将试样放入酒精溶液中利用超声波进行清洗，之后再进行称重。用感量为 0.00001g 的 Sartorius 型高精度电子分析天平测量销试样磨损前后的质量 m_1 和 m_2，其磨损量 $\Delta m = m_1 - m_2$，再除以摩擦行程即得到磨损率 $w(w = \Delta m/L)$。

　　摩擦磨损试验结束后，利用 SEM、EDS 等对销试样和对磨盘等的微观形貌和成分进行观察和分析，以揭示其磨损机理。

9.3　氢对 Ti-6Al-4V 合金摩擦性能的影响

　　未置氢、置氢及其除氢 Ti-6Al-4V 合金同 GCr15 轴承钢对磨时摩擦系数随滑动时间的变化规律如图 9-3 所示。由图可以看出，摩擦系数随滑动时间的变化而波动，且与合金中的氢含量有关。在摩擦的初始跑合阶段，未置氢合金的摩擦系数随滑动时间的增加而急剧上升，达到最高点后迅速下降，出现一个尖峰，随后经过不稳定态后摩擦系数趋于稳定，进入稳定磨损阶段。未置氢合金初始阶段的摩擦系数在 0.3 左右，随滑动时间的增加摩擦系数逐渐增大，最终稳定在 0.37 ~ 0.45。置氢后，合金的摩擦系数均小于未置氢合金的摩擦系数，且其波动的幅度比未置氢合金的大。在置氢合金的初始跑合阶段，没有发现尖峰，摩擦系数随时间的延长逐渐增大至稳态。除氢后，合金的摩擦系数最大，且其波动幅度较小，在除氢合金的初始跑合阶段也存在尖峰，这与未置氢合金相似，但是其摩擦系数高于未置氢合金的摩擦系数。未置氢、置氢及其除氢 Ti-6Al-4V 合金的平均摩擦系数如图 9-4 所示。由图可以看出，置氢后，合金的平均摩擦系数略有降低，不同氢含量置氢合金的平均摩擦系数变化不明显。除氢后，合金的平均摩擦系数最高。

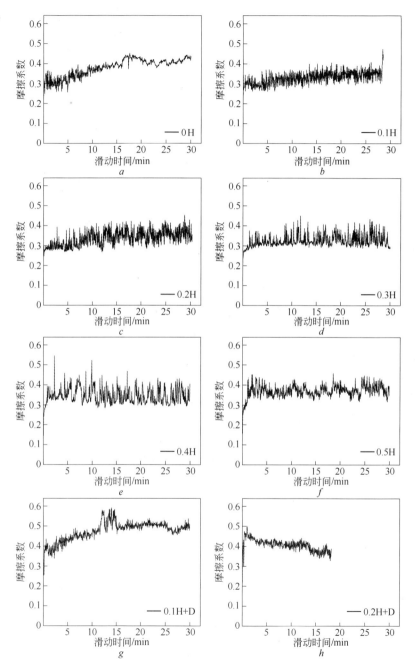

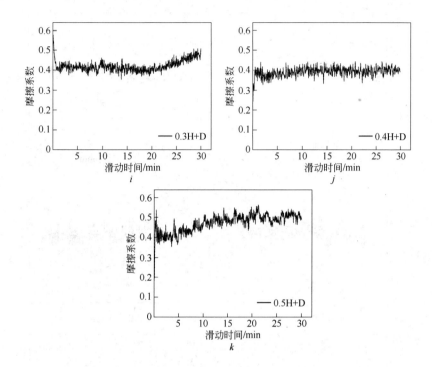

图 9-3 未置氢、置氢及其除氢 Ti-6Al-4V 合金的摩擦系数随滑动时间的变化规律

a—0.0H；b—0.1H；c—0.2H；d—0.3H；e—0.4H；f—0.5H；g—0.1H+D；
h—0.2H+D；i—0.3H+D；j—0.4H+D；k—0.5H+D

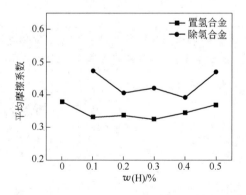

图 9-4 未置氢、置氢及其除氢 Ti-6Al-4V 合金的平均摩擦系数

9.4 氢对 Ti-6Al-4V 合金磨损性能的影响

磨损率以单位滑动距离（km）的质量损失量（mg）表示，未置氢、置氢及其除氢 Ti-6Al-4V 合金的磨损率如图 9-5 所示。由图可以看出，未置氢合金的磨损率为 1.5mg/km。置氢后，合金的磨损率增大，且随氢含量的增加而逐渐增大，当氢含量达到 0.3%时，合金的磨损率最大，磨损率达到 8.6mg/km，在氢含量超过 0.3%以后，合金的磨损率又逐渐降低。除氢后，合金的磨损率低于相应置氢合金的磨损率，且其随原始氢含量的变化规律与置氢合金磨损率的变化规律相似，但是除氢合金的磨损率仍高于未置氢合金的磨损率。结果表明，无论置氢还是除氢，Ti-6Al-4V 合金的磨损性能均有所降低。

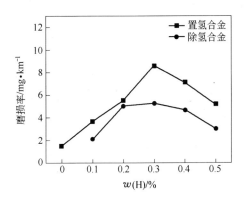

图 9-5　未置氢、置氢及其除氢 Ti-6Al-4V 合金的磨损率

9.5 磨损机制

未置氢、置氢及其除氢 Ti-6Al-4V 合金销试样磨损表面的形貌及化学成分分别如图 9-6 和图 9-7 所示。由图可以看出，未置氢 Ti-6Al-4V 合金的磨损表面黏附大量的磨屑。由合金的高倍照片可以看出，合金的磨损表面存在少量的梨沟，且在磨损表面可以发现大

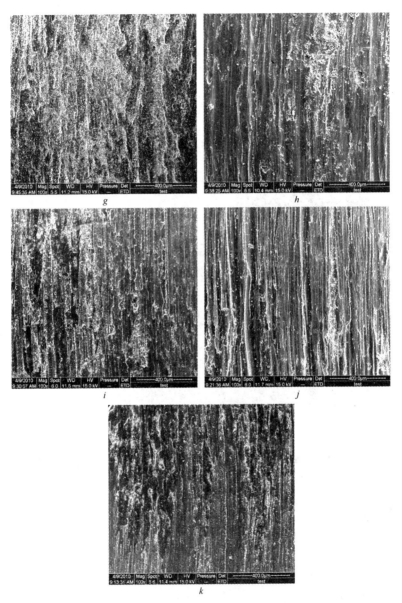

图 9-6 未置氢、置氢及其除氢 Ti-6Al-4V 合金销试样的磨损表面形貌
a—0.0H; b—0.1H; c—0.2H; d—0.3H; e—0.4H; f—0.5H; g—0.1H + D;
h—0.2H + D; i—0.3H + D; j—0.4H + D; k—0.5H + D

成分	A(质量分数)/%
O	31.74
Al	04.53
Ti	52.22
V	01.25
Fe	10.26

a

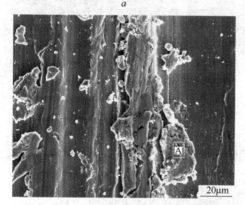

成分	A(质量分数)/%
O	09.89
Al	04.39
Ti	61.89
V	01.84
Fe	21.99

b

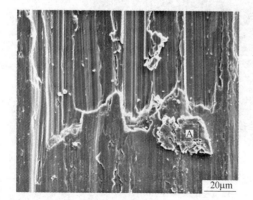

成分	A(质量分数)/%
O	09.93
Al	04.55
Ti	56.03
V	01.75
Fe	27.75

c

成分	A(质量分数)/%
O	09.51
Al	05.38
Ti	65.55
V	01.98
Fe	17.58

d

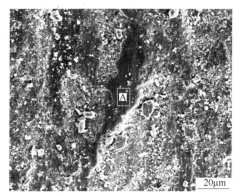

成分	A(质量分数)/%
O	36.60
Al	03.74
Ti	40.94
V	01.76
Fe	16.96

e

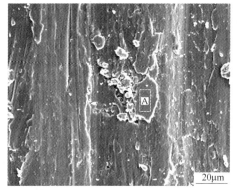

成分	A(质量分数)/%
O	07.51
Al	06.81
Ti	69.05
V	02.55
Fe	14.08

f

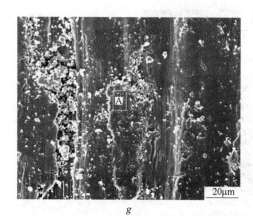

成分	A(质量分数)/%
O	28.98
Al	04.73
Ti	53.57
V	02.19
Fe	10.54

g

图 9-7　未置氢、置氢及其除氢 Ti-6Al-4V 合金销试样磨损表面的 EDS 成分分析
a—0.0H；b—0.1H；c—0.2H；d—0.5H；
e—0.1H + D；f—0.4H + D；g—0.5H + D

块的转移物。对转移物进行能谱分析可知，转移物中含有大量的 O 和 Fe，表明在未置氢合金的摩擦磨损过程中，对磨盘也发生了磨损，且其材料转移到销试样表面。未置氢合金磨损表面的氧含量较高，说明未置氢合金以氧化磨损为主。置氢后，合金磨损表面的磨屑明显减少，并呈现出较多的平行于滑动方向的梨沟以及塑性变形特征，这是由置氢后合金的硬度降低造成的，表明置氢合金的磨损以磨粒磨损为主。除氢后，在合金的磨损表面也可以发现明显的梨沟，说明除氢合金也存在磨粒磨损。另外，除氢合金磨损表面的磨屑数量比置氢合金明显增多，除氢合金的转移物中氧含量也比较高，表明除氢合金的氧化磨损也很严重。因此，除氢合金的磨损机制是氧化磨损和磨粒磨损。

对磨盘是摩擦副系统的重要组成部分，研究磨损试验后对磨盘磨损表面形貌的变化有助于深入了解合金的摩擦磨损行为。GCr15 对磨盘的表面形貌及化学成分如图 9-8 所示。由图可以看出，与未置氢合金对磨时对磨盘的表面黏附有大量的磨屑以黑色的黏附物。通过能谱分析可知，磨屑和转移物中的氧含量较高，说明未置氢合金以氧化磨损为主，且磨屑和转移物中 Ti 的含量也较高，表明合金在磨损过程

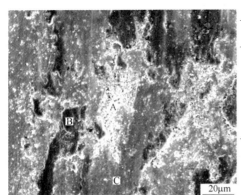

成分	A(质量分数)/%	B(质量分数)/%	C(质量分数)/%
O	16.62	32.95	—
Al	02.99	04.34	—
Ti	41.93	46.34	01.93
V	01.48	02.03	—
Fe	36.98	10.26	93.30
C	—	—	04.77

a

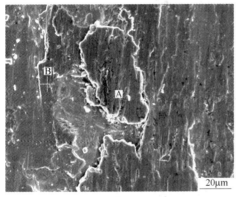

成分	A(质量分数)/%	B(质量分数)/%
O	02.07	05.54
Al	07.60	02.94
Ti	85.64	26.60
V	02.49	01.16
Fe	02.19	63.75

b

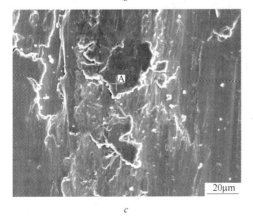

成分	A(质量分数)/%
O	05.52
Al	06.50
Ti	78.84
V	02.12
Fe	07.02

c

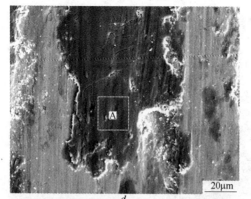

成分	A(质量分数)/%
O	34.60
Al	04.22
Ti	43.90
V	01.45
Fe	15.83

d

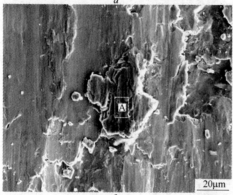

成分	A(质量分数)/%
O	07.37
Al	06.53
Ti	76.03
V	01.90
Fe	08.16

e

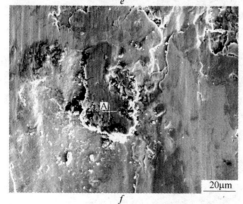

成分	A(质量分数)/%
O	30.08
Al	04.25
Ti	46.40
V	02.06
Fe	17.22

f

图 9-8　GCr15 对磨盘的磨损表面形貌及 EDS 成分分析

a—0.0H；b—0.3H；c—0.5H；d—0.1H + D；e—0.3H + D；f—0.5H + D

中材料转移到对磨盘表面。与未置氢合金对磨时对磨盘表面黏附大量的磨屑，而与置氢及除氢合金对磨时对磨盘表面上的磨屑数量较少。由图 9-8 可以看出，与未置氢、置氢及其除氢合金对磨时对磨盘表面的转移物中均含有大量的 Ti，且其中氧含量的变化规律与其销试样磨损表面氧含量的变化情况相同，说明在合金的磨损过程中，材料发生了转移，且未置氢合金的氧化磨损最明显。

从以上试验结果可以看出，未置氢、置氢及其除氢 Ti-6Al-4V 合金的磨损是氧化磨损、磨粒磨损和黏着磨损等共同作用的结果，其耐磨性是由合金本身的性质（主要是合金的硬度以及热导率）决定的。未置氢 Ti-6Al-4V 合金在大气环境中同 GCr15 轴承钢对磨时，由于合金的热导率较低，导致合金磨损表面的温度较高，由 TG 试验结果可知，温度越高，合金的氧化现象越严重。因此，未置氢合金主要呈现氧化磨损特征。Ti-6Al-4V 合金表面的 Ti 容易发生氧化而形成 TiO_2 氧化薄膜。接触与摩擦发生在氧化膜之间，而 TiO_2 薄膜脆性较大，在接触应力的作用下易脱落，裸露的表面又继续生成新的氧化物薄膜而产生氧化磨损。氧化磨损率一般很小，属于正常磨损。磨损脱落的氧化膜一部分以磨屑的形式排出，另一部分没有及时排出，仍留于摩擦副接触区域内而起到磨粒的作用，从而导致磨粒磨损。在磨粒磨损过程中，合金的磨损率与其硬度成反比。经置氢处理后，Ti-6Al-4V 合金的硬度降低，较软的合金表面容易发生严重的塑性变形、梨沟及黏着，导致合金的表面磨损严重，磨损率增大。由于氢提高了合金的热导率，改善了合金的散热能力，导致在摩擦磨损过程中置氢合金磨损表面的温度低于未置氢合金磨损表面的温度。因此，未置氢合金氧化磨损明显，而置氢合金的氧化磨损不明显，置氢 Ti-6Al-4V 合金以磨粒磨损为主。除氢后，合金的硬度有所恢复，但仍低于未置氢合金的硬度。所以，除氢合金的磨损率介于未置氢及置氢合金的磨损率之间，且除氢 Ti-6Al-4V 合金的磨损机制主要是氧化磨损和磨粒磨损。

由摩擦磨损试验结果可以看出，除氢后，Ti-6Al-4V 合金的耐磨性能仍然很差。所以，当除氢 Ti-6Al-4V 合金应用在磨损领域时，仍然需要对其进行表面处理，以提高合金的抗磨性。

参 考 文 献

[1] 周廉，赵永庆，王向东. 中国钛合金材料及应用发展战略研究[M]. 北京：化学工业出版社，2012.

[2] 彭艳萍，曾凡昌，王俊杰，章怡宁，夏绍玉. 国外航空钛合金的发展应用及其特点分析[J]. 材料工程，1997(10):3~6.

[3] 朱知寿，王新南，童路，曹春晓. 中国航空结构用新型钛合金研究[J]. 钛工业进展，2007，24(6):28~32.

[4] Zhou L. Review of titanium industry progress in America, Japan and China[J]. Rare Metal Mat Eng, 2003, 32(8):577~584.

[5] Zong Y Y, Shan D B, Xu M, Lv Y. Flow softening and microstructural evolution of TC11 titanium alloy during hot deformation [J]. J Mater Process Technol, 2009, 209 (4): 1988~1994.

[6] Yeom J T, Kim J H, Hong J K, Park N K, Lee C S. Influence of initial microstructure on hot workability of Ti-6Al-4V alloy[J]. Int J Mod Phys B, 2009, 23(6-7):808~813.

[7] 侯红亮，李志强，王亚军，关桥. 钛合金热氢处理技术及其应用前景[J]. 中国有色金属学报，2003，13(3):533~549.

[8] Froes F H, Senkov O N, Qazi J O. Hydrogen as a temporary alloying element in titanium alloys: thermohydrogen processing[J]. Int Mater Rev, 2004, 49(3-4):227~245.

[9] Leyens C, Peters M. Titanium and Titanium Alloys[M]. 2003.

[10] E. A. 鲍利索娃（苏）. 钛合金金相学[M]. 北京：国防工业出版社，1986.

[11] Hu D, Huang A J, Song X P, Wu X. Sulphide/phosphide precipitation associated with carbon saturation in Ti-15V-3Cr-3Sn-3Al-0. 2C [J]. J Alloys Compd, 2006, 413 (1-2): 77~84.

[12] Wang L Q, Lu W J, Qin J N, Zhang F, Zhang D. Influence of cold deformation on martensite transformation and mechanical properties of Ti-Nb-Ta-Zr alloy[J]. J Alloys Compd, 2009, 469(1-2):512~518.

[13] Wang L Q, Lu W J, Qin J N, Zhang F, Zhang D. Microstructure and mechanical properties of cold-rolled TiNbTaZr biomedical [beta] titanium alloy[J]. Mater Sci Eng A, 2008, 490(1-2):421~426.

[14] 崔昌军，彭乔. 钛及钛合金的氢渗过程研究[J]. 稀有金属材料与工程，2003，32(12):1011~1015.

[15] Trefilov V I, Morozov I A, Morozova R A, Dobrovolsky V D, Zaulichny Y A, Kopylova E I, et al. Peculiarities of interatomic interaction in titanium hydrides with different content of hydrogen[J]. Int J Hydrogen Energy, 1999, 24(2-3):157~161.

[16] Zhu T K, Li M Q. Effect of 0. 770 wt% H addition on the microstructure of Ti-6Al-4V alloy

and mechanism of ［delta］ hydride formation［J］. J Alloys Compd, 2009, 481（1-2）: 480～485.

［17］ Luo L S, Su Y Q, Guo J J, Fu H Z. Formation of titanium hydride in Ti-6Al-4V alloy［J］. J Alloys Compd, 2006, 425（1-2）:140～144.

［18］ Zhang Y, Zhang S Q. Hydrogenation characteristics of Ti-6Al-4V cast alloy and its micro-structural modification by hydrogen treatment［J］. Int J Hydrogen Energy, 1997, 22（2-3）: 161～168.

［19］ Stumpf R, Bastasz R, Whaley J A, Ellis W P. Effect of adsorbed hydrogen on the stability of ti-tanium atoms on aluminum surfaces［J］. Phys Rev B, 2008, 77（23）:2354131～2354139.

［20］ 黄刚, 曹小华, 龙兴贵. 钛-氢体系的物理化学性质［J］. 材料导报, 2006, 20（10）: 128～131.

［21］ Elias R J, Corso H L, Gervasoni J L. Fundamental aspects of the Ti-H system: theoretical and experimental behaviour［J］. Int J Hydrogen Energy, 2002, 27（1）:91～97.

［22］ Wang W E. Thermodynamic evaluation of the titanium-hydrogen system［J］. J Alloys Compd, 1996, 238（1-2）:6～12.

［23］ Bhosle V, Baburaj E G, Miranova M, Salama K. Dehydrogenation of TiH$_2$［J］. Mater Sci Eng A, 2003, 356（1-2）:190～199.

［24］ Han X L, Wang Q, Sun D L, Zhang H X. First-principles study of the effect of hydrogen on the Ti self-diffusion characteristics in the alpha Ti-H system［J］. Scr Mater, 2007, 56（1）: 77～80.

［25］ Wasilewski R J, Kehl G L. DIFFUSION OF HYDROGEN IN TITANIUM［J］. Metallurgia, 1954, 50: 225～230.

［26］ Papazoglou T P, Hepworth M T. Diffusion of hydrogen in α titanium［J］. Trans Met Soc AIME, 1968, 242: 682～685.

［27］ Gabidullin E R, Nosov Y K, Ilin A A. Kinetic parameters of interaction of hydrogen and tita-nium［J］. Russ Metall, 1995（6）:61～65.

［28］ Clarke C F, Hardie D, Ikeda B M. The effect of hydrogen content on the fracture of pre-cracked titanium specimens［J］. Corros Sci, 1994, 36（3）:487～497, 499～509.

［29］ Takasaki A, Furuya Y, Ojima K, Taneda Y. Hydrogen solubility of two-phase（Ti3Al + TiAl）titanium aluminides［J］. Scr metall mater, 1995, 32（11）:1759～1764.

［30］ 陈业新, 万晓景. Ti3Al 基合金中氢扩散动力学研究［J］. 上海大学学报（自然科学版）, 1996, 2（5）:520～525.

［31］ 王得明, 黄显亚, 朱祖芳. 用超高压电镜研究钛中氢致破坏机理［J］. 稀有金属, 1983（5）:20～25.

［32］ 韩明臣. 钛合金的热氢处理［J］. 宇航材料工艺, 1999, 29（1）:23～27, 50.

［33］ Yoshimura H, Nakahigashi J. Ultra-fine-grain refinement and superplasticity of titanium al-loys obtained through protium treatment［J］. Int J Hydrogen Energy, 2002, 27（7-8）:769～

774.

[34] 张少卿. 氢在钛合金热加工中的作用[J]. 材料工程, 1992(2):24~29, 40.

[35] 张少卿. 钛合金的氢处理[J]. 宇航材料工艺, 1987(4):1~7.

[36] Kerr W R, Smith P R, Rosenblum M E, Gurney F J, Mahajan Y R. Hydrogen as an alloying element in titanium (hydrovac) [C]. 4th Inter. Conf. on Titanium, 1980: 2477~2486.

[37] Hardie D, Ouyang S. Effect of hydrogen and strain rate upon the ductility of mill-annealed Ti6Al4V[J]. Corros Sci, 1999, 41(1):155~177.

[38] Ruales M, Martell D, Vazquez F, Just F A, Sundaram P A. Effect of hydrogen on the dynamic elastic modulus of gamma titanium aluminide[J]. J Alloys Compd, 2002, 339(1-2): 156~161.

[39] Sundaram P A, Basu D, Steinbrech R W, Ennis P J, Quadakkers W J, Singheiser L. Effect of hydrogen on the elastic modulus and hardness of gamma titanium aluminides[J]. Scr Mater, 1999, 41(8):839~845.

[40] 林天辉. 钛合金中的氢及其对力学性能的影响[D]. 北京: 北京科技大学, 1990.

[41] 张清, 吴引江, 汤慧萍, 何小松, 李来平, 段国强, 等. 不同破碎工艺对钛粉形貌的影响[J]. 钛工业进展, 2002(2):14~17.

[42] 冯颖芳. 提高钛粉末冶金制品机械性能的途径[J]. 钛工业进展, 2002(2):22~23.

[43] Ilyin A A, Polkin I S, Mamonov A M, Nosov V K. Thermohydrogen treatment-the base of hydrogen technology of titanium alloys[J]. Titanium'95, 1995, 3: 2462~2469.

[44] 黄东, 南海, 吴鹤, 赵嘉琪. 氢处理技术在钛合金中的应用[J]. 金属热处理, 2004, 29(6):44~48.

[45] Senkov O N, Froes F H. Thermohydrogen processing of titanium alloys[J]. Int J Hydrogen Energy, 1999, 24(6):565~576.

[46] Senkov O N, Jonas J J, Froes F H. Recent advances in the thermohydrogen processing of titanium alloys[J]. JOM-Journal of the Minerals Metals & Materials Society, 1996, 48(7): 42~47.

[47] 廖际常. 钛合金含氢热加工技术的应用范围和前景[J]. 钛工业进展, 2002(6): 11~14.

[48] Mamonov A M. Influence of heat and hydrogen treatment on structure, texture and mechanical properties of articles of heat resistant titanium alloy type VT 18 U[J]. Izvestiya Rossiiskaya Akademiya Nauk, Metally (Russia), 1995, 6: 106~112.

[49] Kolachev B A. Reversible hydrogen alloying of titanium-alloys[J]. Met Sci Heat Treat, 1993, 35(9-10):586~591.

[50] Kolachev B A, Egorova Y B, Talalaev V D. Hydrogen influence on machining of titanium alloys[J]. Advances in the Science and Technology of Titanium Alloy Processing, 1996: 339~346.

[51] Kolachev B A, Egorova Y B. Influence of hydrogen on oxidation of the VT6Ch alloy[J]. Rus-

sian Journal of Non-Ferrous Metals, 2008, 49(2):115~119.

[52] Nosov V K, Kolachev B A, Ovchinnikov A V, Mashkov E I. Effect of phase composition on the resistance of hydrogen-charged Ti-6% al alloy to compressive strain[J]. Met Sci Heat Treat, 2003, 45(3-4):131~133.

[53] Ilyin A A, Skvortsova S V, Mamonov A M, Permyakova G V, Kurnikov D A. Effect of thermohydrogen treatment on the structure and properties of titanium alloy castings[J]. Met Sci Heat Treat, 2002, 44(5-6):185~189.

[54] Ilyin A A, Skvortsova S V, Mamonov A M. Control of the structure of titanium alloys by the method of thermohydrogen treatment[J]. Mater Sci, 2008, 44(3):336~341.

[55] Kerr W R. The effect of hydrogen as a temporary alloying element on the microstructure and tensile properties of Ti-6Al-4V[J]. Metall Mater Trans A, 1985, 16(6):1077~1087.

[56] Qazi J I. Thermohydrogen processing (THP) of titanium alloy and titanium-aluminum alloys [D]. Idaho: University of Idaho, 2002.

[57] Qazi J I, Rahim J, Senkov O N, Froes F H. Phase transformations in the Ti-6Al-4V-H system[J]. JOM-Journal of the Minerals Metals & Materials Society, 2002, 54(2):68~71.

[58] Qazi J I, Senkov O N, Rahim J, Froes F H. Kinetics of martensite decomposition in Ti-6Al-4V-xH alloys[J]. Mater Sci Eng A, 2003, 359(1-2):137~149.

[59] Qazi J I, Senkov O N, Rahim J, Genc A, Froes F H. Phase transformations in Ti-6Al-4V-xH alloys[J]. Metall Mater Trans A, 2001, 32(10):2453~2463.

[60] 潘峰, 张少卿, 薛志庠. 铸造钛合金的氢处理细化晶粒的研究[J]. 航空学报, 1987, 8(1):A77~A82.

[61] Zhang S Q, Pan F. Hydrogen Treatment of Cast Ti-6Al-4V Alloy[J]. J Mater Sci Technol, 1990, 6(3):187~192.

[62] Zhang Y, Zhang S Q. Hydrogen effects on high temperature deformation characteristics of a cast Ti-14Al-19Nb-3V-2Mo alloy[J]. Scr Mater, 1997, 37(9):1315~1321.

[63] Zhang Y, Zhang S Q, Tao C. Hydrogenation behavior of Ti-25Al-10Nb-3V-1Mo alloy and effect of hydrogen on its microstructure and hot deformability[J]. Int J Hydrogen Energy, 1997, 22(2-3):125~129.

[64] Zhang S Q, Zhao L R. Effect of hydrogen on the superplasticity and microstructure of Ti-6Al-4V alloy[J]. J Alloys Compd, 1995, 218(2):233~236.

[65] Gong B, Zhang C B, Lai Z H. Improvement of superplastic properties of Ti-6Al-4V alloy by temporary alloying with hydrogen[J]. J Mater Sci Lett, 1994, 13(21):1561~1563.

[66] Niinomi M, Gong B, Kobayashi T, Ohyabu Y, Toriyama O. Fracture characteristics of Ti-6Al-4V and Ti-5Al-2.5Fe with refined microstructure using hydrogen[J]. Metall Mater Trans A, 1995, 26(5):1141~1151.

[67] Shan D B, Zong Y Y, Lu T F, Lv Y. Microstructural evolution and formation mechanism of FCC titanium hydride in Ti-6Al-4V-xH alloys[J]. J Alloys Compd, 2007, 427(1-2):

229～234.

[68] Shan D B, Zong Y Y, Lv Y, Guo B. The effect of hydrogen on the strengthening and softening of Ti-6Al-4V alloy[J]. Scr Mater, 2008, 58(6):449～452.

[69] Zong Y Y, Shan D B, Lu Y, Guo B. Effect of 0.3 wt% H addition on the high temperature deformation behaviors of Ti-6Al-4V alloy[J]. Int J Hydrogen Energy, 2007, 32(16): 3936～3940.

[70] Zong Y Y, Shan D B, Lu Y, Guo B. Hydrogen-induced hot workability in Ti-6Al-4V alloy [J]. Trans Nonferrous Met Soc China, 2006, 16:S2072～S2076.

[71] Zong Y Y, Shan D B, Luo Y S. Precipitation behavior and microstructural characteristics of hydrogenated [beta]-Ti40 alloys [J]. Int J Hydrogen Energy, 2009, 34(11): 4900～4905.

[72] Wang Q, Han X, Li Z H, Wu T, Sun D L. Hydrogenation and its effect on behavior of hot deformation for Ti-6Al-4V alloy[J]. Mater Forum, 2005, 29:318～322.

[73] Han X L, Wang Q, Sun D L, Sun T, Guo Q. First-principles study of hydrogen diffusion in alpha Ti[J]. Int J Hydrogen Energy, 2009, 34(9):3983～3987.

[74] Su Y Q, Wang L, Luo L S, Jiang X H, Guo J J, Fu H Z. Deoxidation of Titanium alloy using hydrogen[J]. Int J Hydrogen Energy, 2009, 34(21):8958～8963.

[75] Feng J C, Liu H, He P, Cao J. Effects of hydrogen on diffusion bonding of hydrogenated Ti6Al4V alloy containing 0.3 wt% hydrogen at fast heating rate[J]. Int J Hydrogen Energy, 2007, 32(14):3054～3058.

[76] Liu H, Cao J, He P, Feng J C. Effect of hydrogen on diffusion bonding of commercially pure titanium and hydrogenated Ti6Al4V alloys[J]. Int J Hydrogen Energy, 2009, 34(2): 1108～1113.

[77] Liu H, He P, Feng J C, Cao J. Kinetic study on nonisothermal dehydrogenation of TiH$_2$ powders[J]. Int J Hydrogen Energy, 2009, 34(7):3018～3025.

[78] Liu H J, Zhou L, Liu P, Liu Q W. Microstructural evolution and hydride precipitation mechanism in hydrogenated Ti-6Al-4V alloy[J]. Int J Hydrogen Energy, 2009, 34(23): 9596～9602.

[79] Liu H J, Zhou L, Liu Q W. Microstructural evolution mechanism of hydrogenated Ti-6Al-4V in the friction stir welding and post-weld dehydrogenation process[J]. Scr Mater, 2009, 61 (11):1008～1011.

[80] 林莺莺, 潘洪泗, 李森泉. 钛合金的氢处理技术及其对超塑性的影响[J]. 材料工程, 2005(5):60～64.

[81] Kolachev B A, Ilyin A A, Nosov V K. Hydrogen technology as new perspective type of titanium alloy processing[J]. Advances in the Science and Technology of Titanium Alloy Processing, 1996(2):331～338.

[82] Li Z Q, Han K, Hou H L, Wang B Y, Hu Z H. Effect of Hydrogen on Diffusion Bonding

Behavior and Mechanism of Ti-6Al-4V alloy[J]. Rare Metal Mat Eng, 2014, 43(2): 306~310.

[83] Zhou L, Liu H J. Effect of 0.3 wt% hydrogen addition on the friction stir welding characteristics of Ti-6Al-4V alloy and mechanism of hydrogen-induced effect[J]. Int J Hydrogen Energy, 2010, 35(16):8733~8741.

[84] 刘宏. 氢在 TC4 钛合金扩散连接中的作用机理研究[D]. 哈尔滨: 哈尔滨工业大学, 2009.

[85] 田卫强, 侯红亮, 任学平. 置氢 TC4 钛合金粉末热等静压制件组织与性能研究[J]. 航空材料学报, 2013(3):6~11.

[86] 李敏. 置氢 Ti6Al4V 粉末磁脉冲压实——烧结体组织结构与性能[D]. 哈尔滨: 哈尔滨工业大学, 2011.

[87] Kolachev B A, Talalaev V D, Egorova Y B, Kravchenko A N. Effect of hydrogen on the machinability of VT5-1 alloy by cutting[J]. Mater Sci, 1996, 32(6):753~759.

[88] 张旻炜, 高操, 丁月霞, 陶杰, 汪涛. 大尺寸钛合金易切削热氢处理技术进展与展望[J]. 材料导报, 2007, 21(8):76~79.

[89] 危卫华. 热氢处理改善钛合金切削加工性的基础研究[D]. 南京: 南京航空航天大学, 2010.

[90] 华小珍, 彭新元, 周贤良, 邹爱华, 崔霞. 热氢处理对 TC4 钛合金切削加工性的影响[J]. 材料热处理学报, 2011(4):43~46.

[91] Kerr W R, Gurney F J, Martorell I A. Pilot Plant Forging of Hydrogenated Ti-6Al-4V: AFWAL-TR-80-4026Air Force Wright Aeronautical Labs. , Wright-Patterson AFB, OH. , 1980.

[92] 阿·阿·依里因, 阿·姆·马莫诺夫, 朱荃芳. 铸造钛合金的热氢处理[J]. 材料工程, 1992(1):14~16.

[93] 杜忠权, 王高潮, 陈玉秀, 张志方. 渗氢处理细化 Ti-10V-2Fe-3Al 合金组织及改善其超塑性性能的效果[J]. 航空学报, 1994, 15(7):882~886.

[94] Fang T Y, Wang W H. Microstructural features of thermochemical processing in a Ti-6Al-4V alloy[J]. Mater Chem Phys, 1998, 56(1):35~47.

[95] 韩潇. 氢处理对 TC4 钛合金组织和热变形行为的影响[D]. 哈尔滨: 哈尔滨工业大学, 2004.

[96] 姜波, 侯红亮, 王耀奇, 李红. 钛合金置氢过程的氢分布规律[J]. 中国有色金属学报, 2010, 20(S1):369~376.

[97] 李芳. 热氢处理对 Ti-60 钛合金组织和性能的影响[D]. 上海: 上海大学, 2006.

[98] 卢俊强. 原位自生钛基复合材料的热氢处理研究[D]. 上海: 上海交通大学, 2010.

[99] 陆盘金, 王定华, 薛志庠, 吴崇周, 赵亚利, 吴明昌. Ti6Al4V 合金细化显微组织的氢处理研究[J]. 材料工程, 1991(3):19~21.

[100] 王亮. 钛合金液态气相置氢及其对组织和性能的影响[D]. 哈尔滨: 哈尔滨工业大学, 2010.

[101] 刘玉，陈伟，韩兴博，陈德敏，刘实，吴尔冬，等．氧化温度对工业纯钛氧化膜结构及阻氢性能的影响[J]．金属功能材料，2012，19(4):7~11.

[102] 施立群，周筑颖，赵国庆．钛薄膜氢化及热释放特性研究[J]．原子能科学技术，2000，34(4):328~333.

[103] 张强基，张勇，丁力，赵鹏骥，翟国良，牟方明．表面氧污染影响钛膜吸氢量的机理[J]．真空科学与技术，1995(6):397~400.

[104] 王小丽，赵永庆，曾卫东，侯红亮，王耀奇．Ti600 合金吸氢的动力学特性[J]．稀有金属材料与工程，2009，38(7):1219~1222.

[105] 王耀奇，李红，侯红亮．Ti-6Al-4V 合金置氢动力学与氢分布规律[J]．北京科技大学学报，2010，32(5):634~637.

[106] 潘峰，张少卿，薛志庠，王定华．铸造 Ti-6Al-4V 合金氢化特征的研究[J]．特种铸造及有色合金，1986(1):20~22，52.

[107] 江政．TB8 钛合金氢处理工艺及室温变形行为研究[D]．合肥：合肥工业大学，2012.

[108] 赵敬伟．热氢处理对钛合金组织演变及高温变形行为的影响[D]．沈阳：东北大学，2009.

[109] 王伟功．BT20 合金氢处理工艺及热变形行为研究[D]．哈尔滨：哈尔滨工业大学，2006.

[110] 崔国文．缺陷、扩散与烧结[M]．北京：清华大学出版社，1990.

[111] Bokshtein S Z, Ginzburg S S, Kishkin S T, Moroz L M. Investigation of the distribution of hydrogen in metals and alloys by the electron microscopic autoradiographic method[J]. Met Sci Heat Treat, 1969, 11(5):396~399.

[112] 曹兴民．热氢处理对钛合金组织和性能影响的研究[D]．西安：西安建筑科技大学，2005.

[113] 沈桂琴，徐斌，彭益群，脱祥明．Ti-15Mo-2.7Nb-3Al-0.2Si 高强钛合金的相变[J]．材料工程，1999(3):19~23.

[114] 吴晓东，杨冠军，葛鹏，毛小南，冯宝香．β 钛合金及其固态相变的归纳[J]．钛工业进展，2008，25(5):1~6.

[115] 黄金昌．内部氢对 β-21S 和 Ti-15-3 钛合金显微组织和机械性能的影响[J]．稀有金属快报，1998(10):23~24.

[116] 赵林若，张少卿，颜鸣臬．氢对 Al 和 V 在 β 纯 Ti 中扩散的影响[J]．材料研究学报，1990，4(3):237~240.

[117] 朱磊，张麦仓，董建新，庞克昌．TC11 合金本构关系的建立及其在盘件等温锻造工艺设计中的应用[J]．稀有金属材料与工程，2006，35(2):253~256.

[118] 赵文娟，张亚玲，丁桦，曹富荣，王耀奇．线性回归法建立 Ti6Al4V 合金超塑变形本构关系[J]．材料与冶金学报，2008，7(3):201~205.

[119] 徐文臣，单德彬，吕炎．利用 BP 神经网络预测 BT20 钛合金的流动应力[J]．兵器

材料科学与工程, 2007, 30(3):33~36.

[120] Teter D F, Robertson I M, Birnbaum H K. The effects of hydrogen on the deformation and fracture of [beta]-titanium[J]. Acta Mater, 2001, 49(20):4313~4323.

[121] Akmoulin I A, Niinomi M, Kobayashi T. Dynamic fracture-behavior of Ti-6Al-4V alloy with various stabilities of beta-phase[J]. Metall Mater Trans A, 1994, 25(8):1655~1666.

[122] Ogawa T, Yokoyama K I, Asaoka K, Sakai J I. Distribution and thermal desorption behavior of hydrogen in titanium alloys immersed in acidic fluoride solutions[J]. J Alloys Compd, 2005, 396(1-2):269~274.

[123] Liu X Q, Tan C W, Zhang J, Hu Y G, Ma H L, Wang F C, et al. Influence of microstructure and strain rate on adiabatic shearing behavior in Ti-6Al-4V alloys[J]. Mater Sci Eng A, 2009, 501(1-2):30~36.

[124] Thomas M, Turner S, Jackson M. Microstructural damage during high-speed milling of titanium alloys[J]. Scr Mater, 2010, 62(5):250~253.

[125] Xue Q, Meyers M A, Nesterenko V F. Self-organization of shear bands in titanium and Ti-6Al-4V alloy[J]. Acta Mater, 2002, 50(3):575~596.

[126] 王海玲. 置氢钛合金 TC4 切削加工仿真研究[D]. 南京: 南京航空航天大学 2008.

[127] 孙中刚, 侯红亮, 李红, 王耀奇, 李晓华, 李志强, 等. 氢处理对 TC4 钛合金组织及室温变形性能的影响[J]. 中国有色金属学报, 2008, 18(5):789~793.

[128] Morinaga M, Yukawa N, Ezaki H, Adachi H. Solid solubilities in transition-metal-based f. c. c. alloys[J]. Anglais, 1985, 51(2):223~246.

[129] Kuroda D, Niinomi M, Morinaga M, Kato Y, Yashiro T. Design and mechanical properties of new β type titanium alloys for implant materials[J]. Mater Sci Eng A, 1998, 243(1-2):244~249.

[130] 王耀奇, 侯红亮, 孙中刚. Ti-6Al-4V 合金氢致塑性效应与应用[J]. 航空学报, 2011(8):1563~1568.

[131] Ilyin A A, Nosov V K, Kollerov M Y, Krastilevsky A A, Scvortsova S V, Ovchinnikov A V. Hydrogen technology of semiproducts and finished goods production from high-strength titanium alloys[J]. Advances in the Science and Technology of Titanium Alloy Processing, 1996: 517~523.

[132] 孙中刚. 置氢钛合金亚稳相变及其室温变形行为的研究[D]. 大连: 大连理工大学, 2009.

[133] Sha W, McKinven C J. Experimental study of the effects of hydrogen penetration on gamma titanium aluminide and Beta 21S titanium alloys[J]. J Alloys Compd, 2002, 335(1-2):L16~L20.

[134] 宗影影. 钛合金置氢增塑机理及其高温变形规律研究[D]. 哈尔滨: 哈尔滨工业大学, 2007.

[135] 李宁, 毛小南, 雷文光, 何军利. 钛合金热压缩变形行为研究概况[J]. 热加工工

艺，2012(18):28~30.

[136] 赵为纲，李鑫，鲁世强，刘志和，王克鲁，李臻熙，等. TC11 钛合金高温变形本构关系研究[J]. 塑性工程学报，2008(3):123~127.

[137] 崔军辉，杨合，孙志超. TB6 钛合金热变形行为及本构模型研究[J]. 稀有金属材料与工程，2012(7):1166~1170.

[138] Warchomicka F, Poletti C, Stockinger M. Study of the hot deformation behaviour in Ti-5Al-5Mo-5V-3Cr-1Zr[J]. Mater Sci Eng A, 2011, 528(28):8277~8285.

[139] 李鹏亮，张志. 钛合金热成型模具[J]. 航空制造技术，2012(21):94~97.

[140] 李寿萱. 钣金成型原理与工艺[M]. 西安：西北工业大学出版社，1985.

[141] Zhang C B, Kang Q, Lai Z H, Ji R. The microstructural modification, lattice defects and mechanical properties of hydrogenated dehydrogenated alpha-Ti[J]. Acta Mater, 1996, 44 (3):1077~1084.

[142] Senkov O N, Jonas J J. Effect of phase composition and hydrogen level on the deformation behavior of titanium-hydrogen alloys[J]. Metall Mater Trans A, 1996, 27(7):1869~1876.

[143] 徐振声，宫波，张彩碚，赖祖涵. 氢对 TC4 钛合金高温拉伸行为的影响[J]. 稀有金属，1993, 17(3):205~208.

[144] 徐振声，宫波，张彩碚，赖祖涵. 氢对 Ti-6Al-4V 合金的高温增塑作用[J]. 金属学报，1991, 27(4):A270~A273.

[145] Yang K, Edmonds D V. Effect of hydrogen as a temporary alloying element on the microstructure of a Ti3Al intermetallic[J]. Scr metall mater, 1993, 28(1):71~76.

[146] Lu J Q, Qin J N, Lu W J, Chen Y F, Zhang D, Hou H L. Hot deformation behavior and microstructure evaluation of hydrogenated Ti-6Al-4V matrix composite[J]. Int J Hydrogen Energy, 2009, 34(22):9266~9273.

[147] Anisimova L I, Aksenov Y A, Badaeva M G, Vas'ko N V, Kolmogorov V L, Mozhaiskii V S. Reversible alloying with hydrogen and deformation of the titanium alloy VT6[J]. Met Sci Heat Treat, 1992, 34(2):143~147.

[148] Senkov O N, Jonas J J. Dynamic strain aging and hydrogen-induced softening in alpha titanium[J]. Metall Mater Trans A, 1996, 27(7):1877~1887.

[149] 肖静先. 不同类型钛合金渗氢及热变形对微观组织结构的影响[D]. 哈尔滨：哈尔滨工业大学，2009.

[150] 张鹏省，赵永庆，毛小南，洪权，韩栋. 热氢处理对 Ti600 钛合金组织和性能的影响[J]. 中国有色金属学报，2010, 20(S1):118~122.

[151] 王忠堂，宋鸿武，周游，张士宏. Ti600 钛合金置氢后激活能及热塑性研究[J]. 稀有金属，2009, 33(5):652~656.

[152] Li M Q, Zhang W F. Effect of hydrogenation content on high temperature deformation behavior of Ti-6Al-4V alloy in isothermal compression[J]. Int J Hydrogen Energy, 2008, 33 (11):2714~2720.

[153] 张勇, 张少卿, 陶春虎. 氢化 Ti-25Al-10Nb-3V-1Mo 铸态合金的热压缩行为及其显微组织[J]. 金属学报, 1996, 32(3):235~240.

[154] 张勇, 张少卿, 陶春虎. 氢对锻态 Ti-25Al-10Nb-3V-1Mo 合金热压缩行为的影响[J]. 中国有色金属学报, 1996, 6(1):84~88.

[155] 潘志强, A. B. Выдрин, 李明强, 张平祥, 周廉. Ti9Al 合金的氢塑性效应[J]. 稀有金属材料与工程, 2003, 32(10):810~813.

[156] 廖际常. 含氢热加工技术在耐热钛合金中的应用前景[J]. 钛工业进展, 2002(1):25~27.

[157] Zhang H, Lam T F, Xu J L, Wang S H. The effect of hydrogen on the strength and superplastic deformation of beta-titanium alloys[J]. J Mater Sci, 1996, 31(22):6105~6111.

[158] 宁兴龙. 钛合金的可逆氢合金化[J]. 钛工业进展, 1995(1):19~20.

[159] 张浩, 林天辉, 翁文达, 许嘉龙. 金属的氢致软化现象[J]. 上海钢研, 1993(1):55~58.

[160] 郭鸿镇, 姚泽坤, 苏祖武, 施祥生, 赵步章, 耿玉. 微量氢对 TC11 钛合金塑性的影响[J]. 热加工工艺, 1993(1):17~18.

[161] Nosov V K, Kolachev B A. Hydrogen Plastification during Hot Deformation of Titanium Alloys [M]. Moscow: Metallurgiya, 1986.

[162] Huang S H, Zong Y Y, Shan D B. Application of thermohydrogen processing to Ti6Al4V alloy blade isothermal forging[J]. Mater Sci Eng A, 2013, 561:17~25.

[163] Backofen W A, Turner I R, Avery D H. Superplasticity in an Al-Zn alloy[J]. Trans ASM, 1964, 57(6):980~990.

[164] 李梁, 孙建科, 孟祥军. 钛合金超塑性研究及应用现状[J]. 材料开发与应用, 2004(6):34~38.

[165] 李才巨, 顾家琳, 刘庆. Ti-15-3 钛合金的超塑性[J]. 航空材料学报, 2003(4):52~58.

[166] 郭鸿镇, 张维, 赵张龙, 姚泽坤, 虢迎光, 王保善, 等. TC21 新型钛合金的超塑性拉伸行为及组织演化[J]. 稀有金属材料与工程, 2005(12):1935~1939.

[167] 王敏, 郭鸿镇. TC4 钛合金晶粒细化及超塑性研究[J]. 塑性工程学报, 2008(4):155~158.

[168] 曾立英, 赵永庆, 李倩. 钛合金低温超塑性的研究进展[J]. 热加工工艺, 2006(11):61~65.

[169] 王志成. 钛合金的超塑性成型与扩散焊接[J]. 材料导报, 1996(增刊):36~40.

[170] 曾立英, 赵永庆, 李丹柯, 李倩. 超塑性在钛合金压力加工和焊接方面的应用[J]. 钛工业进展, 2004(6):10~13.

[171] 韩坤, 侯红亮, 韩秀全, 王耀奇. 置氢 0.11% Ti-6Al-4V 合金超塑变形行为及其机制[J]. 稀有金属, 2011(4):475~480.

[172] 侯红亮, 李志强, 姜波. 氢致钛合金的加工改性[J]. 科技中国, 2004(8):50~51.

[173] 高文，张少卿. 氢对 TC11 钛合金超塑性能的影响[J]. 稀有金属，1992，16(3)：227~230.

[174] 韩坤，侯红亮，王耀奇. 氢对 Ti-6Al-4V 合金组织及超塑变形行为的影响[J]. 塑性工程学报，2010，17(3)：32~37.

[175] 丁桦，王殿梁，宋丹，张彩碚，崔建忠，白秉哲. 氢对 Ti-3Al-Nb 合金微观组织和超塑变形行为的影响[J]. 钢铁研究学报，2000，12(2)：45~48.

[176] Lu J Q, Qin J N, Lu W J, Chen Y F, Zhang D, Hou H L. Effect of hydrogen on super-plastic deformation of (TiB + TiC)/Ti-6Al-4V composite[J]. Int J Hydrogen Energy, 2009, 34(19):8308~8314.

[177] Molinari A, Straffelini G, Tesi B, Bacci T. Dry sliding wear mechanisms of the Ti6Al4V alloy[J]. Wear, 1997, 208(1-2):105~112.

[178] Budinski K G. Tribological properties of titanium alloys[J]. Wear, 1991, 151(2):203~217.